aufbau taschenbuch
AUFBAU VERLAGSGRUPPE

Uwe Kersken, geb. 1949 in Wuppertal, Studium der Mathematik und Psychologie, ausgebildeter Psychotherapeut, ist seit vielen Jahren Filmproduzent, Autor und Regisseur von Dokumentarfilmen und Geschäftsführer der Gruppe 5 Filmproduktion in Köln.

Ulf Marquardt, geb. 1964 in Lüdinghausen, studierte Publizistik, Politikwissenschaft und Germanistik in Münster und arbeitet seit 1990 als freier Journalist. Er lebt in der Nähe von Köln.

Karl Olsberg, geb. 1960 in Bielefeld, studierte BWL, promovierte über Künstliche Intelligenz, gründete zwei erfolgreiche Multimediafirmen und ist heute Unternehmensberater in Hamburg. Sein Thriller »Das System« erscheint im Herbst 2007 bei AtV.

Claudia Ruby, geb. 1967 in Duisburg, hat Biologie studiert und anschließend beim Westdeutschen Rundfunk volontiert. Sie arbeitet heute als freie Journalistin und lebt in Köln.

Sonja Trimbuch, geb. 1973, studierte Geschichte, Filmwissenschaft und Rechtswissenschaft, ist heute Redakteurin beim ZDF und lebt in Mainz.

Sich selbst reproduzierende Roboter, fliegende Autos, geklonte Lebewesen – kühne Visionen aus dem Reich der Science-Fiction existieren bereits als Prototypen oder im Reagenzglas. In den Forschungslabors rast die Entwicklung weiter voran: Nur ein Bruchteil der neuen, revolutionären Entdeckungen dringt dabei an die Öffentlichkeit. Dieses vertiefende Begleitbuch zur dreiteiligen ZDF-Dokumentation gibt Antwort auf die Frage: Wie wird unser Leben, unser Alltag in fünfzig Jahren aussehen?

Das besondere Zusammenspiel aus lebendigen Geschichten und faktenreicher Dokumentation wird durch Voraussagen international führender Wissenschaftler glaubwürdig gestützt. Sie erklären die wesentlichen Entwicklungen: Welche Energiequellen werden unsere Zukunft bestimmen? Wie wird Gesundheitsvorsorge aussehen? Werden wir bald unsterblich sein? Wie gläsern wird unser aller Leben werden? Und wer zählt dann zu den Mächtigen der Welt? Die spannende und kenntnisreiche Vision einer Zukunft, die viele von uns erleben werden.

Karl Olsberg, Claudia Ruby, Ulf Marquardt

2057
Unser Leben in der Zukunft

Herausgegeben von
Uwe Kersken und Sonja Trimbuch

Aufbau Taschenbuch Verlag

Mit 46 Abbildungen

Dieser Titel ist auch über den ZDF-Online-Shop www.shop.zdf.de zu beziehen.

ISBN 978-3-7466-7060-7

Aufbau Taschenbuch ist eine Marke der Aufbau Verlagsgruppe GmbH

2. Auflage 2007

Gesamtgestaltung Dagmar & Torsten Lemme, Berlin
Umschlagbild und Bilder im Innenteil aus der gleichnamigen Serie

Druck und Binden Offizin Andersen Nexö, Leipzig
Printed in Germany

www.aufbau-taschenbuch.de

Inhalt

Vorwort

Stellen Sie sich vor, Sie ließen sich am Tag Ihres Todes einfrieren und warteten als Eismensch darauf, dass die Medizin der Zukunft Sie wieder auftaut und zum Leben erweckt. Blödsinn? Nicht ganz. In Arizona und Michigan warten einhundertfünfzig Eisleichen genau darauf, dazu noch an die hundert Hunde und Katzen.

Menschen suchten zu allen Zeiten nach dem Stein der Weisen, einer alchimistischen Substanz, die nicht nur Gold, sondern auch ein langes oder gar ewiges Leben verspricht. Die Eistanks in der amerikanischen Provinz sind ein schriller Beweis dafür. Die kühlen Kunden glaubten ernsthaft an ihre Wiedergeburt. Sie würden also auf minus 130° Celsius gehalten, nachdem man alles Flüssige Ihres Körpers mit einem Frostschutzmittel behandelt hat. So warteten Sie auf die Errungenschaften der Nanotechnologie und Molekularbiologie, die Ihren leblosen Körper wieder in Schwung bringen sollen. Irgendwann einmal. Hoffentlich hätten die verfallenden Zellen nicht Ihren Organismus vergiftet. Hoffentlich fände irgendjemand einen Anlasser wie Dr. Frankensteins Blitz, wenn es soweit wäre. Sonst würde es ein langer, vielleicht ewiger Schlaf.

Aber selbst wenn die Idee mit dem Eis klappte, was würden Sie sehen, wenn Sie nach Ihrer Reinkarnation – sagen wir, in fünfzig Jahren – die Haustür öffnen? Fliegende Autos? Stationen für Aufzüge ins All? Riesige 3D-Werbeflächen am Himmel? Roboter, die Ihnen über die Straße helfen?

Eins ist sicher: Sollten Sie tatsächlich gesund aus dem Gefrierfach schlüpfen, wären Sie verloren. Sie bräuchten einen Führer durch Ihre eigene Zukunft. Er erklärte Ihnen, wie Sie in der fremden Welt arbeiten, einkaufen und sich ernähren müssten, wie Ihr Haus und Ihr Auto funktionierten, wie Sie Ihre persönlichen Roboter zu behandeln hätten.

Die ZDF-Serie »2057« und dieses Buch sind so ein Führer in die Zukunft. In drei Teilen werden Ziele und Resultate moderner Wissenschaft und Technik und deren Folgen in den ersten fünfzig Jahren des dritten Millenniums beschrieben.

Es ist eine spannende Reise, auf der der Mensch, die Stadt und die Welt der Zukunft besucht werden. Es geht um medizinische und soziale Entwicklungen, um die Erneuerung von Kommunikations- und Verkehrssystemen sowie um dramatische globale Probleme wie die Energieversorgung und die Verteilung der Macht.

In inszenierten Geschichten werden Protagonisten verschiedener Lebenswelten in fünfzig Jahren vorgestellt. Dokumentarische Beiträge lassen heutige Wissenschaftler zu Wort kommen, die an die Zukunftsträume in den fiktionalen Szenen nicht nur glauben, sondern bereits an ihnen arbeiten. Doch wozu das alles? Konfuzius sagt: Wer nicht an die Zukunft denkt, wird bald Sorgen haben. Die Antwort heutiger Experten ist drastischer: Wenn die Menschheit es versäumt, sich den Herausforderungen der Zukunft mutig und umsichtig zu stellen, wird sie sich selbst in überschaubarer Frist vom Planeten verabschieden. Die ungeheuren Gegensätze Profit und Pleite, Haben und Nicht-Haben, Überfluss und Hunger werden die planetarische Gemeinschaft über kurz oder lang zerreißen, wenn es nicht zu revolutionären Konzepten kommt. Mit Schwärmen von den guten alten Zeiten kommen wir nicht weiter. Statt Angst vor neuen Ideen zu haben, sollten wir uns besser vor den alten fürchten – vor der viel beschworenen und missbrauchten »Tradition«, häufig nur Ausrede für Mord und Totschlag.

Der kleine Weg aus der Finsternis begann schon vor zwanzig Jahren. Meine Frau Iris empfahl mir als SciFi-Expertin zunächst Werke wie »Per Anhalter durch die Galaxis« des unvergessenen Douglas Adams oder Stanisław Lems »Solaris«. Dann auch Stephen Hawkings »Eine kurze Geschichte der Zeit«. Als Amateure machten wir uns auf den Weg in die Geheimnisse der Quantentheorie, und ich begriff langsam, warum unsere erste Katze Schroedinger hieß (leider ist diese heute zu hundert Prozent tot). Romane und Filme über Zeitreisen taten ihr Übriges: Verne und H. G. Wells, Kubrick, Lucas, Spielberg und Crichton waren unsere Helden.
Auf einem Kongress zeigte man die Reihe »The Future Is Wild«, in der die Natur in Millionen von Jahren vorgestellt wird. Für die meisten Zuschauer war die Zukunft allerdings zu weit weg, zu phantastisch. In einem Gespräch mit Peter Arens, heute Kulturchef des ZDF, ergab sich die Frage, was aber wäre, wenn wir die Welt in nur fünfzig Jahren zeigten? Die Vorteile: Mit etwas Glück lebten wir dann noch und könnten als Greise selbst feststellen, ob unsere Voraussagen Wirklichkeit geworden wären. Zumindest aber die Kinder und Enkel könnten sehen, ob wir und unsere wissenschaftlichen Gewährsleute recht hatten. Das war der Anfang des Projekts, das beim ZDF und bei Discovery US, schließlich auch bei arte auf fruchtbaren Boden fiel.

Schon nach den ersten Recherchen erkannten wir den Vorteil, »nur« fünfzig Jahre in die Zukunft blicken zu wollen. Bekannte Wissenschaftler wie John Brockman und Michio Kaku sind der Auffassung, dass eine Voraussage für die Zeit in fünfzig Jahren zwar weniger phantastisch ausfiele als eine für die Zeit in tausend oder nur hundert, aber eben auch nicht so langweilig wie eine Prognose für die nächsten fünfzehn oder zwanzig Jahre. Das ist der Zeitraum, in dem vielleicht ein neues Auto oder ein Medikament entwickelt würde. Dennoch: Von heute bis 2057 ist eine lange Spanne. Schauen Sie nur einmal zurück in die fünfziger Jahre des letzten Jahrhunderts und auf das Bild, das man sich damals von unserer Zeit machte. Wie also die Zukunft zeigen voller Furcht vor Kritik, nur weil alte Zukunftsfilme heute albern aussehen mögen? Es geht aber nicht darum, Farben, Formen oder die Mode der Zukunft richtig zu beschreiben. Wer über alte Filme auf der Basis von Jules Vernes Geschichten lacht, nur weil vielleicht die Raketen dort so dick sind, hält sich mit dem Äußeren auf, hat die dahinterstehenden ungeheuren Zukunftsvisionen jedoch nicht erkannt. Uns geht es vor allem darum – ermuntert von mutigen Vordenkern der Wissenschaft und Technik. Und erst in fünfzig Jahren wissen wir wirklich, ob wir bloß Spinner waren.

Die Welt in fünfzig Jahren mag auf den ersten Blick gar nicht so anders aussehen. Viele Neuerungen blieben wahrscheinlich verborgen. Nur bei näherer Betrachtung würde man Veränderungen im Alltäglichen bemerken, wie vernetzte Kleidung, Laser-Rasierer, Holografische Spielzeuge, Roboter, fliegende Ambulanzen. Vieles aber bliebe wohl unsichtbar, wie organische Computerchips oder Detektoren im Körper.

Forscher konkreter Zukunftsprojekte kommen selten zu Wort, wenn es um die Welt von morgen geht. Behauptungen über die Zukunft sind oft Glaubensbekenntnisse. So ist die Meinung, menschliche Klone seien unmöglich, nur gespeist vom Widerwillen gegen die Idee an sich. Forscher wissen aber, dass diese Art des Klonens zweifellos realisiert wird, wenn auch der Zeitpunkt unklar ist. Durch persönliche Abneigung lassen sich Entwicklungen in der Regel nicht aufhalten. Ob die Weltgesellschaft diese will – und vor allem, was sie damit anstellt –, ist eine ganz andere Frage. Natürlich darf man skeptisch bleiben, wenn rascher Fortschritt versprochen wird etwa bei menschenähnlichen Robotern mit Emotionen. Die Experten prophezeien einen unendlich steinigen Weg. Sie können heute nicht absehen,

ob die Fähigkeiten des Menschen jemals in eine Maschine kopiert werden können, auch wenn manche Robotik-Firmen dies mit ihren fröhlich lächelnden Robotermädchen glauben machen wollen.
Die Grundlagen unserer Serie aber sind konkrete Wissenschaft, praktische Forschung und deren Anwendungen in statu nascendi, also häufig in ersten Schritten, wie bei gedruckten Organen, fliegenden Autos oder Aufzügen ins All. Vollkommen unmöglich, idiotisch? Nein, Hunderte Wissenschaftler arbeiten zurzeit an diesen irre erscheinenden Projekten. Wir zeigen sie mit ihren Erfindungen, mit ihren Babys – und sind verblüfft. Sie haben uns die Tür zu ihren Labors geöffnet und enthusiastisch ihre Arbeit gezeigt. Es gibt in der Tat phantastische Möglichkeiten in der Zukunft. Könnten wir sie doch bloß noch erleben!
Indes ist auch klar: Entwicklungen wie das Klonen, Organdrucker oder der perfekte gläserne Mensch haben immer auch einen Januskopf, und wir wollen zwar ein längeres Leben, aber keine Genmanipulation, wir wollen totale Sicherheit, aber keinen Big Brother, wir wollen grenzenlose Energie, aber keine Klimakatastrophe. Es kommt auf uns alle an:
Was wollen wir in der Zukunft erreichen? Was ist gut für den Menschen und seine Welt, und was bringt sie um? Vielleicht werden wir eines Tages feststellen, dass der »Krone der Schöpfung« gar nicht in allem nachgeahmt werden sollte, zumindest nicht, was den unbegrenzten Zerstörungswillen betrifft. Den wird selbst der beste Roboter nicht beherrschen. Der Biochemiker und Schriftsteller Isaac Asimov hat 1950 in seinen Geschichten »I, Robot« wohlweislich Gebote der Robotik entwickelt, nach denen ein Roboter niemals ein menschliches Wesen verletzen darf. Vielleicht müssen ausgerechnet Roboter uns einmal an die Gebote unserer Religionen erinnern.
Der Astronom Kardschew und der Physiker Dyson sehen uns als Zivilisation noch auf der Stufe 0, wir haben es nicht geschafft, naheliegende und notwendige Schlüsse aus der kommenden Erschöpfung der Energiereserven zu ziehen. Die Weltgesellschaft muss erst noch beweisen, dass sie eine echte planetarische *Zivilisation* ist. Dazu muss sie alle kleingeistigen, sektiererischen und nationalistischen Dünkel ihrer Frühzeit (jetzt) überwinden. Eine Zivilisation I würde im Erfolgsfall zukünftig alle Formen der Energie auf dem Planeten beherrschen, das Wetter beeinflussen, die Vielfalt der Meere sinnvoll ausnutzen und Energie aus dem Inneren der Erde

gewinnen müssen. Die Zivilisation II würde dann ab dem Jahr 2057 versuchen, die Sonne als wichtigste Energiequelle zu nutzen.
Schon Bertrand Russell schrieb einmal: »Die Frage ist, wie man die Menschheit überreden kann, in ihr eigenes Überleben einzuwilligen.« Mit fortschrittlichen Denkern auf der ganzen Welt sollten wir uns auf den Weg machen und den Beweis erbringen, dass wir keine Konzeption sind, die dem Schöpfer aus der Hand geglitten ist. Er wird sonst den schönen Versuch mit uns zum Abschluss bringen und seine Experimente in anderen Welten ferner Galaxien fortsetzen.
Die Untoten im Eis werden sich die kühlen Augen reiben, wenn sie aufwachen, und keiner ist mehr da … Aber noch ist es nicht soweit.
Die Zukunft bietet nie erträumte Chancen für die ganze Menschheit. Nutzen wir sie!

Uwe Kersken

Teil I
Der Mensch

Ein Herz für Alain Degas

Das Spiel

Jana Stravisky saß entspannt auf ihrem Arbeitssessel. Obwohl sie zusammen mit elf Kollegen tätig war, herrschte absolute Stille in dem abgedunkelten Raum. Ihre schlanken Hände vollführten elegante Bewegungen, wie magische Beschwörungen. Geisterhafte Gesichter erschienen vor ihr in der Luft: lustlos dreinblickende Frauen und Männer, die meisten jenseits der Lebensmitte, die sich im Laufe der letzten Jahrzehnte immer weiter nach oben verschoben hatte. Daneben leuchteten Schriftzeichen: Versicherungsklasse, Gesundheitszustand, aktueller Aufenthaltsort, die Lebenshistorie.

Olivier Chevreuil, fünfundsechzig Jahre, wohnhaft Rue Chantal, Levallois la Peret, verheiratet, zwei Kinder. Versicherungsklasse Silber. Seit sieben Wochen mit der Prämie im Rückstand. Bereits zweimal gemahnt. Alle Kontaktversuche unbeantwortet. Eine kaum merkliche Bewegung ihres Ringfingers, und seine Historie erschien: Bereits mehrmals Ausstände der Versicherungsprämien. Ein vereitelter Manipulationsversuch am Analysator in seiner Toilette vor sieben Jahren, für den er zu einer empfindlichen Strafzahlung verurteilt worden war. Wahrscheinlich war er deshalb immer wieder mit seinen Prämien in Verzug gekommen.

Janas schmaler Mund verzog sich zu einem leichten Lächeln. Man sollte sich besser nicht mit Personal Care, dem globalen Gesundheitsdienstleister, anlegen. Das war gar nicht gesund.

Sie entschied, Milde walten zu lassen. Sie würde dem armen Teufel noch eine Chance geben. Ein paar Handbewegungen, und schon lag eine vertrauliche Dringlichkeitsbotschaft in seinem Postfach: Wenn er nicht binnen achtundvierzig Stunden die fällige Rate überwies, würde seine Versicherung auf die Standardklasse zurückgestuft werden und die seiner beiden Kinder ebenfalls. Das würde ihn sicher zur Vernunft bringen, denn seine jüngere Tochter hatte Asthma und war auf eine gute medizinische Versorgung angewiesen.

Zufrieden streckte Jana ihren schlanken Körper. Dann wischte sie das Leben von Olivier Chevreuil mit einer Handbewegung beiseite.

Eine leichte Falte erschien auf ihrer Stirn. Das nächste Gesicht kannte sie nur zu gut. Alain Degas, 37, wohnhaft Boulevard Lin Chu 67, Montparnasse, Paris. Zum zweiten Mal geschieden. Eine Tochter, zwölf Jahre. Versicherungsklasse Platin. Querulant.

Das letzte Wort stand nicht dort in der Luft neben dem Bild des gutaussehenden Mannes. Ihr Verstand hatte es automatisch ergänzt. Es handelte sich heute nur um eine Routineüberprüfung, aber Alain Degas war ein ganz spezieller Freund von Personal Care.

Er war Arzt. Das waren immer die Schlimmsten. Es hatte mehrere Verfahren gegen ihn gegeben, weil er nicht genehmigte medizinische Handlungen an Patienten durchgeführt hatte, deren Versicherungsschutz diese Leistungen nicht abdeckte. Natürlich hatte Personal Care diese Behandlungen nicht bezahlt, aber dem Krankenhaus war dadurch ein erheblicher finanzieller Schaden entstanden. Und da das Krankenhaus einer Tochtergesellschaft von Personal Care gehörte, war letztlich doch die Firma die Leidtragende seiner eigenmächtigen Handlungen gewesen. Ginge es nach Jana, wäre er längst entlassen worden. Er musste ein verdammt guter Arzt sein, wenn die Klinikleitung immer noch ihre schützende Hand über ihn hielt.

Natürlich war so ein Typ wie Degas Aktivist in der LPF. Diese Leute hielten sich immer für schlauer als alle anderen und meinten die Gesellschaft nach ihren Vorstellungen verändern zu müssen. Dabei verdankten sie ihre berufliche Existenz der Tatsache, dass Personal Care die explodierenden Kosten des Gesundheitssystems einigermaßen im Griff behielt. Das funktionierte nur, weil die Firma rigoros gegen jeden vorging, der seine Gesundheit durch unvernünftiges Verhalten aufs Spiel setzte. Um das zu verhindern, waren natürlich Kontrollen notwendig, und genau diese Kontrollen waren das Angriffsziel der Liga für Persönliche Freiheit.

Jana betrachtete seine Daten genauer. Blutwerte, Urin, alles im grünen Bereich. Alkohol-, Zigaretten- oder sonstiger Drogenkonsum war nicht festzustellen. Auch keine Medikamentenspuren. Bei all seiner absurden Auflehnung gegen das Gesundheitssystem schien er sich an die Spielregeln zu halten. Sein Körper arbeitete einwandfrei, sah man ab von einem gewissen Handikap. Eine Beeinträchtigung, die Degas' Platin-Versicherungsprämie in die Höhe getrieben hatte.

Jana zuckte leicht mit den Schultern. Degas war ein Querulant, aber er war ein ziemlich guter Kunde und bezahlte seine Prämien pünktlich. Zurzeit lag nichts gegen ihn vor.
Ihr Blick fiel auf sein Geburtsdatum. Sie schmunzelte. Einen Moment lang spielte sie mit dem Gedanken, ihm eine persönliche Nachricht zu schicken. Immerhin, er sah gut aus, und er war Single. Vielleicht konnte sie seine Widerspenstigkeit zähmen, ihm klarmachen, dass ...
Sie verdrängte den Gedanken. Ihre Arbeit ließ keinen Raum für Privates, dazu war sie zu wichtig. Sie konnte es sich nicht erlauben, dass ihre objektive Urteilsfähigkeit eingeschränkt war. Schon gar nicht in diesem Fall. Mit einer Handbewegung holte sie den nächsten Kunden auf den Holoprojektor.

Alain stand vor dem Spiegel und sprühte sich einen Bioblocker ins Gesicht. Die klare, geruchslose Flüssigkeit würde dafür sorgen, dass die vielen, gegen sämtliche Antibiotika resistenten Bakterien, die in der Klinik auf ihn lauerten, abgetötet wurden, bevor sie seine Atemwege oder winzige Hautverletzungen erreichen konnten. In einem kleinen 2D-Display in der Ecke des Spiegels lief der Wetterbericht: »... Kaltfront lässt die Temperaturen in den einstelligen Bereich sinken. Dr. Luis Delgado, Experte für Erkältungskrankheiten bei Personal Care, sprach eine Empfehlung für Thermokleidung der Stufe 4 oder höher aus. In der Metropolregion Paris fällt heute zwischen 10.30 und 11.15 Uhr sowie zwischen 14.30 und 16.30 Uhr teils ergiebiger ...«
Ein schriller Alarm erklang. Das Display zeigte statt der freundlichen Dame vom Wetterbericht nur ein blinkendes Warnsymbol. »Achtung, Feuergefahr«, sagte der Spiegel. »Bitte löschen sie sofort alle offenen Flammen. Achtung, Feuer ...«
Die Badezimmertür öffnete sich. Alain fuhr überrascht herum. Hinter ihm stand Maxime. Sie trug einen dunklen Regenmantel, über den kaum sichtbar geisterhafte Schatten huschten – Figuren aus einem aktuellen Horror-Holofilm. Sie hielt einen großen Karton unter dem Arm und zwei Wunderkerzen in der Hand, die rote, weiße und blaue Funken sprühten. »Zum Geburtstag viel Glück, zum Geburtstag ...« Ihre zarte Teenagerstimme hatte Mühe, das Sicherheitssystem seiner Wohnung zu übertönen, das immer noch die alberne Warnung plärrte.

Alain grinste breit, nahm ihr die Wunderkerzen ab und löschte sie im Waschbecken, damit der Computer endlich Ruhe gab.
»Hallo Prinzessin. Ich dachte, du kommst erst heute Nachmittag? Solltest du nicht in der Onlineschule sein?«
Maxime lächelte nur. »Ich mache uns Frühstück!«
Alain sah auf seine altmodische Analoguhr – eine fast hundert Jahre alte Breitling, die er sich zum dreißigsten Geburtstag gegönnt hatte. »Tut mir leid, Schatz, aber ich bin schon spät dran. Ich muss in die Klinik.«
Maxime machte ein enttäuschtes Gesicht. »Ich dachte, du hast heute frei!«
»Kleine Planänderung. Die Chefarztstelle wurde überraschend neu besetzt. Heute ist die offizielle Amtsübergabe.«
»Und bist du ...« Maxime konnte die Antwort in seinem Gesicht ablesen.
Alain schüttelte den Kopf. »Die hier ist es.« Er wandte sich an den Spiegel: »Foto Marie Belzac.« Das Display zeigte das Bild einer Frau Mitte dreißig mit energischem Gesichtsausdruck.
»Sie ist hübsch«, sagte Maxime.
»Sie ist ehrgeizig und hat gute Beziehungen zur Klinikleitung, sagt man.« Er zog das Wort »gute« auf zweideutige Weise in die Länge.
»Ist sie gut?«
Alain zuckte mit den Schultern. »Ich denke, als Ärztin ist sie ganz brauchbar.«
»Besser als du?«
Er grinste schief. »Gibt es Leben auf dem Mars?«
Es tat weh, dass er schon wieder übergangen worden war, aber er wusste, dass er es sich selbst zuzuschreiben hatte. Im Unterschied zu ihm hatte sich Marie Belzac immer an die Vorschriften gehalten. Professor Bourcy hatte ihm erklärt, dass er längst Chefarzt wäre, vielleicht sogar in den Vorstand der Klinik berufen, hätte er nicht immer wieder gegen die Spielregeln verstoßen.
»Ich mach dir Frühstück!«, rief Maxime und verschwand aus dem Bad, ehe Alain Zeit hatte, zu protestieren.
Er ging zur Toilette, auf deren Deckel wie zur Warnung das Logo von Personal Care, die Initialen P und C, prangte. Gerade noch rechtzeitig fiel ihm ein, was er noch vor ein paar Stunden gemacht hatte. Die Neutralisatortabletten, die

er vor dem Schlafengehen genommen hatte, vertrieben zwar die unangenehmen Folgen des Alkoholkonsums, aber sie verhinderten nicht, dass der Alkohol in seinem Urin nachweisbar blieb.
Alain ging zurück zum Waschbecken und holte einen Plastikbeutel mit klarer, gelber Flüssigkeit heraus. Er schüttete den Inhalt in die Toilette und betätigte die Spülung. Er putzte sich die Zähne mit einer altmodischen manuellen Zahnbürste aus Plastik, die er auf einem Flohmarkt in Montmartre zu genau diesem Zweck gekauft hatte. Er spülte sich den Mund aus, spuckte jedoch nicht ins Waschbecken aus, sondern in einen Plastikbeutel, den er später irgendwo draußen entsorgen würde.
Die Sensoren von PC waren überall, und er hatte keine Lust, dass seine ohnehin astronomische Versicherungsprämie noch weiter erhöht wurde. Es war ein ewiges Spiel der Versicherten mit der Versicherung: Wer war schlauer? Wer konnte wen am geschicktesten überlisten? Alain hatte nicht vor, sich in diesem Spiel ausgerechnet von Personal Care schlagen zu lassen.
Als er aus dem Bad kam, war es schon zu spät, um noch mit Maxime zu frühstücken. Er nahm einen Bissen von ihrem Croissant. »Tut mir leid, Prinzessin. In zwei Stunden bin ich wieder da. Wenn du willst, kannst du ja solange hier bleiben.«
»Kann ich nicht einfach mitkommen?«
Er gab ihr einen Kuss auf die Stirn. »Das ist definitiv nichts für dich. Todlangweilig.«
Er verließ die Wohnung seltsam nervös. Er hatte Angst davor, wie er reagieren würde, wenn er Marie Belzac die Hand geben musste, um ihr zu gratulieren. Zur Beruhigung aktivierte er die Netzverbindung seines Sweatshirts und wählte einen Kanal für klassische Musik. Wagner beruhigte ihn immer.
Während die Walküren kriegslüstern durch seinen Kopf zogen und die Gedanken an seine berufliche Niederlage beiseite schoben, hastete er, zwei Stufen auf einmal nehmend, die Treppe hinab. Den Warnton des Putzroboters hörte er nicht.

Todesfall

»Notfalleinsatz«, sagte die angenehm warme Stimme der Leitstelle. »Bitte begeben Sie sich unverzüglich in das Dienstfahrzeug.«

Maurice Ricard schob sich die Reste seines Buttercroissants in den Mund und trank den Kaffee, der voller Krümel und Marmeladenreste war, in einem Zug aus. In zügigen Schritten verließ er den Warteraum und stieg in den Helivan, auf dessen Seiten das Personal-Care-Logo neben einem roten Kreuz prangte. Darunter leuchtete ein dreidimensionaler Werbeslogan: »Personal Care – wir sind immer da, wenn Sie uns brauchen.«

Robert kam hinter ihm aus dem kleinen Gebäude gerannt. Im Laufen versuchte er den Gürtel seines Overalls zu schließen. »War ja klar«, sagte er. »Den ganzen Morgen nur rumsitzen, aber kaum geht man mal aufs Klo ...«

Maurice warf einen flüchtigen Blick über den Rand des Parkplatzes. Von hier oben hatte man einen herrlichen Blick über die Stadt. Die Seine glitzerte in der Morgensonne wie eine goldene Schlange. Der knapp einen Kilometer entfernte Eiffelturm war längst nicht mehr das höchste, aber immer noch das eindrucksvollste Gebäude der Stadt – gebaut nicht von Robotern, sondern von Menschen, die mit primitiven Hilfsmitteln in schwindelerregender Höhe herumgeklettert waren und von Hand Eisenträger an Eisenträger geschweißt hatten.

Er stieg in das Fahrzeug und setzte sich auf einen der beiden Sitze neben der Patientenliege, gegenüber von Robert. Die Türen schlossen sich automatisch, die Motoren begannen zu dröhnen, und der Wagen setzte sich in Bewegung. Es gab das vertraute flaue Gefühl im Magen, als der Helivan über die Begrenzungsmauer des Parkplatzes schwebte und sich dann wie ein Raubvogel in die Straßenschluchten der Stadt stürzte.

»Lagebericht«, sagte Maurice.

»Kunde Dr. Alain Degas, 37«, sagte die Leitstelle. »Versicherungsklasse Platin. Alle Maßnahmen autorisiert. Signifikante Beeinträchtigung der Körperfunktionen festgestellt. Kritischer Blutverlust. Lebenserhaltende Maßnahmen erforderlich. Ausführung des Suspended-animation-Programms wird dringend empfohlen.«

»Oha«, sagte Robert. »Das klingt nicht gut.«

Der Helivan brauchte siebeneinhalb Minuten bis zum Einsatzort. Ohne Hektik stiegen Maurice und Robert aus und betrachteten die Szene.

Der Kunde lag in unnatürlich verkrümmter Haltung auf dem Gehweg, umgeben von Glassplittern und einer Blutlache. Einige Passanten standen herum und betrachteten ihn mit großen Augen. Maurice sah nach oben und bemerkte das zersplitterte Fenster im dritten Stock. Er beugte sich über den Kunden. »Dr. Degas, können Sie mich hören?«

Der Kunde wandte seinen Kopf. Er blinzelte und öffnete den Mund, doch es drang nur ein Röcheln heraus.

»Mein Name ist Maurice Ricard. Ich bin Ihr zuständiger Einsatzleiter von Personal Care. Wir freuen uns, Sie retten zu dürfen!«

Der Kunde machte ein Geräusch, das wie »Garrgh« klang.

»Da Sie nicht in der Lage sind, Ihre Einwilligung zu unseren Rettungsmaßnahmen zu erklären, muss ich diese Entscheidung für Sie treffen«, sagte Maurice. »Seien Sie versichert, dass wir alles tun werden, um die Unannehmlichkeiten so gering wie möglich zu halten. Als Versicherter der Platin-Klasse stehen Ihnen alle Möglichkeiten moderner Schmerzunterdrückung und posttraumatischer Psychopharmazeutik zur Verfügung. Sie werden diese kleine Unpässlichkeit bald vergessen haben.«

Der Kunde stöhnte.

»Ich werte das als Zustimmung«, sagte Maurice. »Wir werden Sie jetzt in Suspended animation versetzen. Das bedeutet, dass wir vorübergehend einen Zustand herbeiführen, der dem Tod ähnelt. Aber keine Sorge, wir holen Sie wieder zurück – das dient nur dazu, dass Sie nicht an Blutverlust sterben, bevor wir in der Klinik sind. Also, wenn Sie gleich ein weißes Licht sehen, gehen Sie nicht darauf zu, okay?« Er wandte sich an Robert. »Bist du soweit?«

Robert nickte.

»Das piekst jetzt ein bisschen«, sagte Maurice und injizierte die Narkoseflüssigkeit. Er strich mit der Hand über die Identifikatorkapsel im rechten Oberarm des Kunden, die kurz grün aufblinkte. Er spreizte Daumen und Zeigefinger, und in dem angedeuteten Rechteck erschien eine kleine Holoprojektion mit den wichtigsten Patientendaten. »Ach du Scheiße, der hat ein Kunstherz«, sagte er.

»Umso besser, dann kriegen wir ihn einfacher wieder in Gang«, sagte Robert.

»Sofern es nicht beschädigt wurde. Der Typ hat immerhin ganz schön was eingesteckt.«

Robert zuckte mit den Schultern. »Der ist doch Platin. Wenn das Herz im Eimer ist, machen sie ihm ein neues. Das Teil ist sowieso schon mehr als zehn Jahre alt.« Mit geübten Bewegungen legte er dem Kunden die Drainagemanschetten um die Handgelenke, die sich mit einem leisen Klick von selbst schlossen. »Suspended animation bei drei. Eins, zwei, drei.«

Maurice beobachtete, wie das Blut des Kunden durch die transparenten Schläuche in den Transportbehälter floss, während gleichzeitig gekühlte Salzlösung seine Adern füllte. Der Typ konnte von Glück sagen, dass er das nicht mehr fühlte.

»Danke, dass Sie kommen konnten, Dr. Belzac«, sagte der Anästhesist, als Marie den OP 4 betrat. »Aber der Fall hier ist etwas kompliziert. Da dachte ich, es ist vielleicht besser, wenn Sie selbst ...«

»Sie haben vollkommen richtig gehandelt, Travis. Zögere niemals. Ehrlich gesagt bin ich froh, dass Sie mich vor Professor Bourcys Rede gerettet haben. Ich dachte schon, der hört nie mehr auf.«

»Herzlichen Glückwunsch noch«, sagte Travis. »Ich finde es gut, dass Sie ...«

»Schon gut. Beginnen wir mit dem Scan.« Marie Belzac betrachtete das Holodisplay vor sich in der Luft und tippte mit einem Stift ein transparentes Symbol an. Das Diagnose-Expertensystem listete in sachlichem Tonfall auf, welche Knochen gebrochen und welche inneren Organe verletzt waren. Als es die Fraktur des vierten und fünften Lendenwirbels und die Quetschung des Hauptnervenstrangs erwähnte, zuckte Marie unwillkürlich zusammen.

»Wie hat er das denn angestellt?«, fragte der Anästhesist.

Marie ging nicht darauf ein. »Schwester, injizieren Sie ihm bitte die Kontaktpunkte.«

Die Schwester spritzte eine grünliche Flüssigkeit in die Beine des Kunden. Die darin enthaltenen Nanomechanismen würden sich an den Enden seiner Muskelfasern festsetzen und dort die Impulse auslösen, die der unterbrochene Nervenstrang nicht mehr übermitteln konnte. Das Schicksal der Querschnittslähmung würde diesem Mann dank Personal Care erspart bleiben.

»Innere Organe«, sagte Marie. Dreidimensionale Bilder erschienen vor ihr in der Luft – Innenansichten des Körpers des Kunden. »Nanu, was ist denn das? Ausschnittvergrößerung Thorax. Das gibt's doch nicht! So jung, und schon ein Kunstherz! Noch dazu so ein altes Modell! Augenblick ... sieht aus, als hätte es einen Riss abbekommen. Versicherungsstatus.«
»Platin. Alle medizinischen Maßnahmen autorisiert.«
Marie seufzte. »Gott sei Dank! Schwester, entnehmen Sie ihm bitte Gewebeproben für den Drucker, und dann bringen Sie ihn auf die ...« Sie stutzte, riss die Augen auf. Zum ersten Mal, seit sie in den OP gekommen war, hatte sie ihre Augen von den Diagnosesystemen abgewandt und den Kunden direkt angesehen. »Das ... das ist ja ... Dr. Degas!«
Der Anästhesist beugte sich über den reglosen Körper. »Tatsächlich! Das ist ja 'n Ding! Dabei wäre beinahe er es gewesen, der heute ...« Er verstummte und blickte verlegen zu Marie auf.
Marie gab sich Mühe, einen ruhigen Tonfall anzunehmen. »Dr. Degas ist jetzt nicht unser Kollege. Er ist unser Kunde und verlangt unsere volle Aufmerksamkeit und Professionalität!«

Herzen

Alain bemühte sich vergeblich, nicht mit seinem Schicksal zu hadern. Welch perverse Symbolik lag darin, dass er ausgerechnet an dem Tag aus dem Fenster gestürzt war, an dem seine ärgste Rivalin zu seiner Vorgesetzten ernannt wurde! Er war buchstäblich zerschmettert worden. Jetzt lag er hier, hilflos dem medizinischen System ausgeliefert, das er noch gestern beherrscht hatte. Und ausgerechnet sie war es, die ihn behandelte, obwohl es in diesem verfluchten Krankenhaus über hundertfünfzig Ärzte gab. Er bereute beinahe seine Entscheidung, eine Platin-Versicherung abgeschlossen zu haben, die ihm das Recht auf persönliche Betreuung durch den Chefarzt gab. Andererseits wäre er ohne den Platinstatus weder in diesem luxuriös ausgestatteten Einzelzimmer noch in einem weitgehend schmerzfreien Zustand.
Marie Belzac warf einen Blick auf das Bild von Maxime auf dem 2D-Display über dem Bett. »Ich wusste nicht, dass Sie eine Tochter haben.«
Woher hätte sie das auch wissen sollen? Es ging sie nichts an. »Ist Ihnen wahr-

scheinlich fremd, aber es gibt Menschen, die haben ein Leben außerhalb der Klinik.«

»Hören Sie, Dr. Degas, ich würde vorschlagen ...«

»Lassen wir das! Kommen Sie bitte zur Sache. Wie sieht es aus?«

Marie spreizte Daumen und Zeigefinger ihres Projektionshandschuhs. Das kleine Holodisplay zeigte verschiedene Querschnitte seines Körpers. Mit sachlicher Stimme erklärte sie das Desaster. »... Frakturen hier, hier und hier. Ihre Lunge hat auch was abgekriegt, aber den Riss im linken Flügel haben wir schon wieder verklebt. Es gibt da eigentlich nur noch ein Problem ...«

Alain packte ihr Handgelenk und zog es zu sich heran. »Ich kann selber sehen«, sagte er.

»Was fällt Ihnen ein!« Sie entzog ihm ihr Handgelenk und löschte die Holoprojektion. Ihre Stirn war in Falten gelegt, und der Zorn trieb die Röte in ihr Gesicht. Alain konnte nicht umhin, festzustellen, dass ihr das gut stand. »Ihr Kunstherz hat Fissuren, wenn Sie's genau wissen wollen«, sagte sie. Sie blickte zu Boden.

Natürlich. Das hatte ja noch gefehlt. »Sie wollen mich doch nicht noch mal aufmachen.«

Marie sah ihn entgeistert an. »Sie brauchen ein neues Herz, das ist Ihnen doch wohl klar!«

»Was wissen Sie schon von meinem Herzen!«

Ein seltsamer, milder Ausdruck erschien auf ihrem Gesicht. Mitleid? Bloß das nicht! »Warum haben Sie eigentlich ein Kunstherz?«, fragte sie.

Alain kniff die Lippen zusammen. »Das geht Sie gar nichts an«, sagte er.

»Dr. Degas, Sie sollten eigentlich wissen, dass die Vorgeschichte des Patienten wichtig für die ...«

»Meine Vorgeschichte spielt hier absolut keine Rolle, verstanden? Sie haben gewonnen, Dr. Belzac! Seien Sie zufrieden damit!«

»Das ist es also! Sie können nicht verwinden, dass ich die Stelle bekommen habe und nicht Sie! Noch dazu eine Frau!«

Alain schwieg.

»Hören Sie, Dr. Degas, ich habe diese Entscheidung nicht getroffen. Ich gebe zu, ich habe mich über die Ernennung gefreut. Ich hatte damit gerechnet, dass

Sie den Job bekommen. Sie sind ein brillanter Arzt. Aber jetzt müssen wir das vergessen. Jetzt bin ich der Arzt, und Sie sind Patient und sonst nichts. Wir müssen Sie wieder gesund machen. Alles andere ist unwichtig. Wenn wir Ihnen nicht ein neues Herz einpflanzen, wird Ihr Kunstherz möglicherweise bald auseinanderbrechen, und dann können wir nichts mehr für Sie tun. Vielleicht hält es noch zwei oder drei Jahre, vielleicht auch nicht.«

Alain schnaubte verächtlich. Die Ärzte hatten ihm schon einmal gesagt, dass er nicht mehr lange zu leben habe. Er habe einen angeborenen Herzfehler, hatten sie zu seiner Mutter gesagt. Sie könne von Glück sprechen, wenn er seinen zehnten Geburtstag noch erlebe.

Sie hatten gedacht, er würde es nicht verstehen. Er war schließlich erst fünf Jahre alt gewesen. Aber Alain Degas hatte schon früh gelernt, seine körperliche Schwäche durch seinen Verstand zu kompensieren.

Seine Mutter hatte tagelang geweint. Alain hatte sie in die Arme genommen. »Glaub ihnen nicht, Mama«, hatte er gesagt. »Ich werde nicht sterben. Ich werde bei dir bleiben.«

Er hatte Wort gehalten.

Es war nicht leicht gewesen. Er hatte keine drei Treppenstufen erklimmen, nicht mehr als ein paar Dutzend Meter zu Fuß gehen können. Der Spott der anderen Kinder hatte auf seiner Seele gelastet. Er war fast immer müde gewesen. Manchmal, wenn er versucht hatte, sich aus seinem Rollstuhl zu erheben, war er einfach ohnmächtig geworden. Aber er hatte sich ans Leben geklammert wie ein Freeclimber an eine schmale Felsritze, und er war weitergeklettert, Zentimeter für Zentimeter, Tag für Tag, mit eisernem Willen. Er hatte seinen zehnten Geburtstag mit seiner Mutter gefeiert, dann den fünfzehnten.

Ein paar Monate später war seine Mutter bei einem Autounfall gestorben. Ihr Standard-Versicherungsschutz hatte nicht ausgereicht, um die zu ihrer Rettung notwendigen Austauschorgane zu bezahlen.

Eine Zeitlang hatte er daran gedacht, einfach aufzugeben, sich der lockenden Müdigkeit hinzugeben, für immer darin zu versinken. Doch der Hass auf das unmenschliche Gesundheitssystem, das seine Mutter auf dem Gewissen hatte, war stärker gewesen als seine Verzweiflung.

Mit siebzehn hatte er das beste Abitur seines Jahrgangs gemacht und ein

Stipendium für ein Medizinstudium an der Sorbonne bekommen. Mit einundzwanzig Jahren hatte er promoviert, als Jüngster seines Abschlussjahrs. Eine blendende medizinische Karriere lag vor ihm, und er hatte ein Dutzend Angebote renommierter Kliniken. Seine Hausbank war nur zu gern bereit gewesen, ihm ein Kunstherz zu finanzieren.

Er erinnerte sich noch an den Tag, als er aus der Klinik entlassen worden war. Es war einfach unglaublich gewesen. Er hatte sich gefühlt wie Superman, durchströmt von einer Kraft und Energie, wie er sie noch nie erlebt hatte. Er hatte gelacht und war durch die Straßen gerannt und auf einen Baum geklettert. Auf einen richtigen Baum! Die Leute hatten ihn angesehen, als habe er den Verstand verloren.

Von diesem Tag an hatte er das Leben genossen, wie es nur jemand genießen kann, der es beinahe verloren hat. Er hatte vor nichts mehr Angst. Keine Extremsportart war ihm zu riskant, kein Abenteuer zu beschwerlich. Er war auf den letzten Eisschollen am Nordpol herumgeklettert und hatte die spanische Wüste zu Fuß durchquert. Als wolle das Leben ihn für seine verlorene Kindheit entschädigen, hatte er mehr Spaß gehabt, als einem einzelnen Menschen zustand. Die Frauen hatten ihm zu Füßen gelegen. Mit Claudia, Maximes Mutter, hatte er es immerhin fünf Jahre lang ausgehalten, bevor der Lockruf des Abenteuers zu groß geworden war.

Doch so sorglos er mit sich selbst und den Menschen in seiner Umgebung umgegangen war, er hatte sich dabei immer auch für diejenigen eingesetzt, die weniger vom Glück gesegnet waren. Die sich nicht mal einen Bronze-Versicherungsstatus leisten konnten, von Platin ganz zu schweigen. Menschen wie seine Mutter.

Vierzehn Stunden am Tag hatte er gearbeitet, sechs Tage die Woche. Vier Stunden Schlaf reichten ihm, denn er hatte sich ja zwanzig Jahre lang fast nur ausgeruht. Er hatte Menschen operiert, die kein Recht hatten, operiert zu werden. Er hatte das System ausgetrickst und die Kontrollen von Personal Care umgangen. Er hatte einen Prozess nach dem anderen geführt, manche gewonnen, andere nicht, war zu empfindlichen Geldstrafen verurteilt worden, hatte jedoch niemals aufgegeben in seinem Kampf. Er wusste nicht, wie viele Menschen ihm ihr Leben verdankten. Er wollte es auch gar nicht wissen. Er tat es nicht für sie. Er tat es für seine Mutter. Vor allem aber tat er es, weil Personal Care mit allen Mitteln versuchte, ihn daran zu hindern.

Nun hatte ihn die Realität endlich eingeholt. Die Firma hatte dafür gesorgt, dass der Job des Chefarztes, der ihm mehr Handlungsspielraum eingeräumt hätte, einer anderen übertragen wurde – einer, die tat, was man ihr sagte. Und ausgerechnet diese Frau, diese willfährige Dienerin der allmächtigen Gesundheitsorganisation, rettete nun sein Leben – mit Hilfe des Apparates, den er so sehr hasste. Er hätte heulen können, aber diese Blöße wollte er sich nicht auch noch geben.

»Ich brauche kein neues Herz«, sagte er. »Schon gar nicht von Ihnen.«

»Ganz wie Sie meinen, Doktor!« Sie stand auf und knallte die Tür hinter sich zu.

Dieser Idiot. Dieser verdammte arrogante Idiot. Marie stapfte wütend den Gang entlang. Er hatte ja keine Ahnung, wie gut er es hatte. Er war ein angesehener Arzt, wohnte sicher in einem Appartement mit eigener Künstlicher Intelligenz, ausgestattet mit all den Annehmlichkeiten, die man im Jahr 2057 für Geld bekommen konnte. Er sah verdammt gut aus; ein Macho-Typ von der Sorte, wie sie hundert Jahren Emanzipationsgeschichte zum Trotz noch immer nicht ausgestorben war. Sicher lagen ihm die Frauen zu Füßen. Er war der Typ Mann, der sich nahm, was er wollte. Wahrscheinlich stammte er aus einem reichen Elternhaus – wie sonst hätte er sich ein Kunstherz leisten und an der Sorbonne promovieren können?

Er hätte tot sein können, doch nun lag er in seinem Luxuszimmer, vollgepumpt mit Luxusdrogen, und es ging ihm blendend. Nicht wie den Menschen hinter der Absperrzone, die in ihren Standardklasse-Schlafsälen lagen und vergeblich auf die Wunder der modernen Medizin hofften. Es war einfach ungerecht.

Ein Warnhinweis an der Decke blinkte auf: »Sterile Zone«. Bläuliches Licht umhüllte sie, als das System versuchte, die hochresistenten Bakterien und Viren abzutöten, die hier in der Luft herumschwirrten wie tödlicher Nebel. Trotz aller medizinischen Fortschritte hatte es die Natur in ihrer erstaunlichen Anpassungsfähigkeit immer wieder geschafft, im Wettrüsten mit der Gesundheitstechnologie mitzuhalten. Für jede Krankheit, die ausgerottet wurde, schienen zwei neue ihren Weg in die moderne Welt zu finden. Kaum wurde ein neues Antibiotikum synthetisiert, tauchten schon die ersten resistenten Bakterienstämme auf. Und die immer höhere Lebenserwartung der Menschen machte sie nur umso anfälliger. Der Gesundheitssektor war inzwischen größer als alle anderen Bereiche der Volkswirtschaft zusammen.

Marie wusste, dass eine flächendeckende Versorgung aller Menschen mit der modernsten Medizintechnologie unbezahlbar war. Es war unabwendbar gewesen, dass sich nur noch die Reichen ein langes, weitgehend unbeschwertes Leben leisten konnten. Und doch erschien es ihr nicht fair.

Sie tat, was sie konnte, trickste die Kontrollsysteme von Personal Care aus, wo es ging, und half Menschen, denen sie nicht helfen durfte. Sie arbeitete vierzehn Stunden am Tag – vier Stunden Schlaf mussten reichen, und wenn nicht, gab es Pillen. Bisher hatte sie es geschafft, nicht erwischt zu werden, sonst hätte sie die Chefarztstelle wohl nie bekommen. Sie würde die größeren Freiräume, die sich ihr jetzt boten, zu nutzen wissen.

Ein Antibiotikroboter tat eifrig seinen Dienst, mit seinen Infrarotscannern auf der Jagd nach Lebewesen, die hier nichts verloren hatten. Als Marie an ihm vorbeikam, fuhr er einen langen Metallarm aus. Sie blieb stehen und gestattete ihm einen Irisscan.

»Herzlich willkommen in der sterilen Zone, Dr. Belzac«, sagte der Roboter. »Ich wünsche Ihnen noch eine angenehme Nacht.« Er faltete den Arm ein und widmete sich wieder dem unermüdlichen Kampf gegen die Bakterien.

Marie betrat die »Fabrik«, wie sie von allen genannt wurde. Von der Decke hingen Plastiksäcke, gefüllt mit transparenter Flüssigkeit und diversen Körperteilen: Nasen, Ohren, Knochen, Lebern, Nieren, sogar einem Augapfel und einer vollständigen Hand. Es sah ein wenig aus wie in der Abstellkammer eines psychopathischen Serienkillers. Aber natürlich waren diese Körperteile niemandem abgeschnitten worden. Sie waren sozusagen fabrikneu.

Marie beugte sich über einen großen Apparat, der ein sägendes Geräusch von sich gab. Durch ein Glasfenster konnte sie einen groben, kartoffelförmigen Fleischklumpen sehen. Mehrere Druckköpfe an Roboterarmen umkreisten den Klumpen und spuckten unablässig einzelne Zellen aus, die an genau den richtigen Stellen platziert wurden. Kaum sichtbar wuchs das Gebilde, Schicht um

Schicht, bis es zu einem voll funktionsfähigen Herzen ausgereift war. In einem kleinen Display war zu lesen, wer das Organ bekommen sollte: Alain Degas, Kundennummer 2020-300284-D-3881, Versicherungsklasse Platin.
Sie wandte sich einem zweiten Drucker zu, der kurz davor war, ein zierliches Damenbein fertig zu stellen. Sie justierte die Farbe des Hautgewebes ein wenig, um sie besser an den Teint der Frau anzupassen.
Ein schriller Piepton schreckte sie auf. Sie spreizte Daumen und Zeigefinger und sah das Zimmer von Alain Degas. Er lag reglos am Rand seines Bettes. Der Kopf und ein Arm hingen über den Rand.
Verdammt!
Sie rannte den Flur entlang, machte einen kühnen Satz über den Antibiotikroboter und stürmte in Dr. Degas' Zimmer. Er lag immer noch so, wie sie ihn auf dem Display gesehen hatte. Das Medicontrol-System neben dem Bett gab ein durchdringendes Piepen von sich. Sie zog Alains schlaffen Oberkörper auf das Bett und gab ihm einen Klaps auf die Wange. »Dr. Degas? Können Sie mich hören?«
Marie bewegte ihre Hand in Richtung des Notfallknopfs an ihrem linken Handgelenk, doch in diesem Moment fiel ihr Blick auf seine Pyjamajacke, die aufgeknöpft war. Auf seiner nackten Brust waren krakelige, mit Filzstift geschriebene Buchstaben zu erkennen: »Bitte hier schneiden!« Marie blinzelte und starrte verwirrt auf die Schrift. In diesem Moment schlug Alain die Augen auf und grinste sie breit an.
Einen Moment lang war Marie fassungslos. Dann spürte sie, wie ihr die Zornesröte ins Gesicht stieg. Sie drückte einen Knopf, und das Piepen verstummte.
»Das ... finden Sie das etwa witzig?«, rief sie. »In der Standardklasse kämpfen Patienten in überfüllten Sälen um ihr Leben, und Sie vertrödeln meine Zeit mit solchem Blödsinn!«
Alain wurde schlagartig ernst. Ein verwunderter, beinahe erschrockener Ausdruck erschien auf seinem Gesicht, und er musterte sie mit seinen braunen Augen in einer Intensität, als sähe er sie zum ersten Mal. »Es ... tut mir leid. Ich dachte ... ich wollte ... also, ich wollte mich entschuldigen ...«
Als sie ihn so hilflos herumstammeln sah, schmolz ihr Zorn dahin. Sie lächelte flüchtig. »Schon gut. Aber jetzt lassen Sie diesen Quatsch, okay?«

Eine Schwester kam ins Zimmer. »Ah, Dr. Belzac, Sie sind schon hier! Entschuldigen Sie, aber ich war gerade ...«
»Schon gut, Cecilia. Alles in Ordnung. Dem Patienten geht es schon wieder besser.«
»Aber der Kreislaufalarm ...«
»Offenbar eine Fehlfunktion. Lassen Sie das Gerät mal überprüfen!«
Schwester Cecilia nickte und verließ den Raum.
»Sie sind ... ein Kindskopf«, sagte Marie.
Alain hatte den Anstand, zu erröten. »Diagnose bestätigt, Doktor«, sagte er.
Sie stand auf und ging zur Tür.
»Mar... ich meine, Dr. Belzac, eine Frage noch!«
Sie wandte sich um. »Ja?«
»Werden Sie es sein, die mich operiert?«
Sie zog eine Augenbraue hoch. »Sie wollen also doch ein neues Herz?«
»Nur wenn Sie es für medizinisch geboten halten.«
Sie seufzte. »Ja, ich werde Sie operieren. Obwohl Pascal nicht begeistert sein wird.«
»Pascal?«
»Er wird morgen acht.«
Alain sah sie mit großen Augen an.
Nun war es an ihr, zu grinsen. »Es gibt eben noch ein Leben außerhalb der Klinik. Das hat jedenfalls kürzlich jemand behauptet.« Sie verließ den Raum, ohne sich noch einmal umzudrehen.
»Hey, das ist gut, Ihr Sohn ist Skorpion, genau wie ich!«, rief Alain ihr nach.
Sie schüttelte den Kopf. Warum war er nur so ein Blödmann? Und warum, zum Teufel, ging ihr der intensive Blick seiner blauen Augen nicht mehr aus dem Kopf?

Böses Erwachen

Wie immer, wenn es kurz vor Schichtende war, bekam Jana Stravisky leichte Kopfschmerzen – das stundenlange Betrachten von Hologrammen in einem dunklen Raum war anstrengend. Sie sah auf die Zeitanzeige unter dem Display und streckte sich. Zwei oder drei Fälle noch, dann war es genug für heute. Sie überschlug grob, dass sie der Firma durch das Aufdecken von Versicherungsbetrug und Manipulationen in den letzten acht Stunden einen hohen vierstelligen Betrag eingespart hatte. Die Prämie am Monatsende würde wieder üppig sein.

Gelangweilt holte sie den nächsten Fall auf das Display. Als sie das Gesicht des Kunden sah, war sie sofort hellwach und hoch konzentriert. Es geschah selten, dass sie einen Kundendatensatz an zwei aufeinanderfolgenden Tagen vorgelegt bekam. Gestern Morgen war es eine reine Routineüberprüfung gewesen. Jetzt gab es einen konkreten Anlass für Nachforschungen. Ihr Instinkt sagte ihr, dass dies der krönende Abschluss eines erfolgreichen Tages werden würde.

Sie betrachtete die Daten, die ihr von der Klinik übermittelt worden waren. Ihr spezieller Freund Dr. Degas hatte einen schweren Unfall gehabt. Ausgerechnet an seinem 37. Geburtstag, der Ärmste. Aber er konnte sich eigentlich nicht beklagen: Er hatte die volle Bandbreite modernster Medizintechnologie bekommen, inklusive eines sündhaft teuren Notfalleinsatzes des Suspended-animation-Programms. Außerdem wollte die Chefärztin ihm »sicherheitshalber« ein neues Herz einpflanzen und hatte, die Macht ihrer Position ausnutzend, bereits eigenmächtig einen Gewebeprint veranlasst.

So wie die Sache aussah, war Dr. Degas ein schlechtes Geschäft für Personal Care: Die Kosten seines aktuellen Krankenhausaufenthalts überstiegen die bisher insgesamt eingezahlten Prämien deutlich. Aber so war nun mal das Versicherungsgeschäft. Die wenigen Fälle, in denen der Schutz wirklich voll ausgenutzt wurde, wurden durch zahllose andere ausgeglichen, bei denen die Versicherten viel mehr bezahlten, als sie zurückerhielten.

Einen Moment runzelte sie die Stirn. Der Fall war unangenehm und teuer, aber warum war er ihr zur Überprüfung vorgelegt worden? Hatte das neuronale Netz, das die einzelnen Versicherungsfälle nach Unregelmäßigkeiten und verdächtigen Mustern durchsuchte, Hinweise darauf gefunden, dass es sich um einen Selbstmordversuch handelte? Das konnte sie sich bei diesem sauberen Doktor kaum vorstellen.

Dann sah sie es, und ihr Mund verzog sich zu einem dünnen Grinsen. Das Blut, das dem Kunden während des Notfalleinsatzes entnommen worden war,

hatte deutliche Spuren von neutralisiertem Restalkohol enthalten. Die Urinprobe vom Morgen war dagegen sauber gewesen. Zwischen dem Unfall und der Probe hatten nur ein paar Minuten gelegen, nicht genug, um diese Alkoholmenge zu erklären. Es war ein klarer Fall von Manipulation.
Sie schüttelte leicht den Kopf. Dieser Dr. Degas hielt sich für clever, wie all diese Typen. Aber irgendwann begingen auch sie einen Fehler. Und immer war es derselbe: Alkohol oder andere Drogen.
Jana machte eine Handbewegung, bestätigte die daraufhin erscheinende Sicherheitsabfrage und setzte damit die Versicherungsklasse des Kunden Doktor Alain Degas von »Platin« auf »unversichert«. Dann beantragte sie bei der Staatsanwaltschaft eine Hausdurchsuchung.
Für den Fall, dass sie sich irrte und doch keine Manipulation vorlag, konnte Dr. Degas gegen die Aberkennung seines Versicherungsschutzes klagen, aber das firmeneigene Krankenhaus würde ihm ab sofort jede medizinische Betreuung verweigern, bis die Sache geklärt war. Mit Ausnahme natürlich der gesetzlich vorgeschriebenen Hilfeleistungen im äußersten Notfall. Aber ein neues Herz aus eigenen Zellen gehörte ebenso wenig dazu wie hochwirksame Schmerzmittel.
So wie die Fakten aussahen, würde Dr. Degas nie wieder auch nur einen einzigen Cent von Personal Care sehen. Im Gegenteil: Die Versicherung würde die bereits entstandenen Kosten der Notfallbehandlung einklagen. Das würde dem selbstgefälligen Mistkerl finanziell und beruflich endgültig das Genick brechen.

Alain saß auf seinem Bett. Vor ihm kniete die attraktive junge Physiotherapeutin in einer Position, die unter anderen Umständen hätte missverstanden werden können. Ihre zarten Hände strichen über sein Bein, das noch von rosafarbenen Narbenbändern überzogen war. Er spürte nichts.
»Können Sie das fühlen?«, fragte die Therapeutin.
»Ich bin nicht sicher«, sagte Alain. »Vielleicht, wenn Sie etwas fester ...«
Sie warf ihm einen merkwürdigen Blick zu, stand auf und holte ein kleines, gebogenes Plastikgerät aus der Tasche ihres Kittels. Sie beugte sich über ihn, und der zarte Duft ihres Parfüms löste Regungen in ihm aus, die definitiv nicht in das Therapieprogramm passten.

Die Therapeutin klemmte das Gerät hinter sein linkes Ohr. »So, ich aktiviere jetzt den Neurotransmitter. Das wird jetzt vielleicht ein bisschen unangenehm.« Sie berührte das Plastikgerät.

Ein dumpfer Schlag ging durch Alains Körper. Es tat nicht weh, aber es war ein sehr seltsames Gefühl. Sein linkes Bein begann spastisch zu zucken.

»Entspannen Sie sich, Dr. Degas. Versuchen Sie, ganz ruhig zu bleiben. So ist es gut.«

Alain sah zufällig zur Glastür seines Zimmers und entdeckte Marie Belzac, die ihn beobachtete. Wie lange hatte sie dort schon gestanden? Er fühlte sich ertappt, ohne genau zu wissen, wobei.

»So, sehr schön«, sagte die Therapeutin. »Und jetzt möchte ich, dass Sie versuchen, Ihr rechtes Bein anzuheben. Konzentrieren Sie sich darauf. Stellen Sie sich einfach vor, wie es ist, das Bein zu heben – Ihr Körper macht den Rest für Sie.«

Alain konzentrierte sich. Er stellte sich vor, wie er einen Fußball trat. Kurz nachdem ihm das Kunstherz eingesetzt worden war, hatte er zum ersten Mal in seinem Leben Fußball gespielt. Nicht besonders gut, zugegeben, aber er hatte immerhin das Tor getroffen. Auch wenn kein Torwart darin gestanden hatte, war er stolz auf sich gewesen.

Das Bein zuckte ruckartig nach oben und traf das Knie der Therapeutin, die erschrocken zurückwich. »Äh ... sehr gut, Dr. Degas, sehr gut. Und jetzt das linke Bein, aber vielleicht etwas weniger heftig, ja?«

Alains Blick wanderte voller Stolz zu Marie Belzac, doch sie beachtete ihn nicht. Sie sprach mit Professor Bourcy, dem Klinikleiter. Die beiden schienen unterschiedlicher Meinung zu sein. Einmal sah Bourcy zu Alain herüber, mit einem ernsten, sorgenvollen Blick. Redeten sie über ihn? Was war da los?

»Dr. Degas, Sie müssen sich schon konzentrieren, sonst wird das nichts«, sagte die Therapeutin.

»Was? Entschuldigung, ich ...« Er konzentrierte sich und hob vorsichtig das linke Bein. Es klappte verblüffend gut.

»Sehr gut«, sagte die Therapeutin und lächelte. »Sie sind ein echter Kämpfer, Dr. Degas! Ich glaube, wir können direkt versuchen, ein paar Schritte zu gehen. Kommen Sie, ich helfe Ihnen.«

Auf den schlanken Körper der Therapeutin gestützt zu sein löste einen Widerstreit der Gefühle in ihm aus. Die Berührung war alles andere als unangenehm, aber er fühlte sich hilflos. Viel lieber wäre er es gewesen, der sie in seinen starken Armen gehalten hätte. Ein Anflug von Verzweiflung überkam ihn. Er wischte ihn beiseite. Er war schon mit schlimmeren Situationen klargekommen.

Er konzentrierte sich und spürte, wie etwas von der alten, unbeugsamen Willenskraft zurückkehrte, die ihn alle düsteren Prognosen der Ärzte hatte überwinden lassen. Er setzte langsam einen Fuß vor den anderen. Es war schwierig, denn er spürte nicht, wann der Fuß den Boden berührte, und ein- oder zweimal wäre er hingefallen, wenn die Therapeutin ihn nicht gehalten hätte. Allmählich aber kehrte sein Selbstvertrauen zurück.

»Hervorragend, Dr. Degas!«, sagte die Therapeutin. Sie schien ehrlich beeindruckt zu sein. »Wenn Sie so weiter...«

Die Tür flog auf, und Marie Belzac stürmte in den Raum. »Sie blöder Vollidiot!«, rief sie. »Was haben Sie sich nur dabei gedacht?«

Die Therapeutin ließ Alain erschrocken los. Er machte einen schwankenden Schritt auf Marie Belzac zu.

»Was soll ich mir wobei gedacht haben? Was ist denn los?« Er machte noch einen Schritt, verlor das Gleichgewicht und kippte nach vorn. Sie fing ihn mit beiden Armen auf.

»Ich glaube, ich geh dann mal«, sagte die Therapeutin und verschwand.

»Was ist denn nur los?«, fragte Alain, nachdem er sich von Marie Belzac gelöst hatte und etwas wackelig auf seinen eigenen Beinen stand.

»Alkohol!«, sagte sie. »Alkohol und manipulierte Urinwerte. Personal Care hat Ihnen den Versicherungsschutz aberkannt, das ist los!«

Irgendwer schüttete einen Eimer Eiswasser über Alains Rücken. Die Urinprobe! Natürlich war ihm Personal Care auf die Schliche gekommen. Er hatte ja nicht damit rechnen können, dass er ...

»Ist Ihnen klar, was das bedeutet?«

Er nickte. Es war ihm mehr als klar. »Die OP?«

»Gestrichen. Sie sagen, das Kunstherz hat eine Haltbarkeit von dreißig Jahren. Die Fissuren reichen nicht aus, um einen Austausch nach dem Notfallgesetz zu begründen.«

Er versuchte zu lächeln. »Ich komme schon klar.«
Tränen glitzerten in ihren Augen. Echte Tränen! »Oh, Alain, Sie sind der dämlichste geniale Arzt, den ich je kennengelernt habe!«
Ein Räuspern erklang. Ein Pfleger war mit einem altmodischen Rollstuhl auf Rädern erschienen. »Dr. Degas? Ich bin angewiesen worden, Sie zu verlegen. Es tut mir leid.«
Alain nickte. Er setzte sich in den Stuhl und ließ sich endlos lange Gänge entlangschieben. Die Wände des Schlafsaals 3 waren mintgrün gestrichen. Alle Betten bis auf eines waren belegt, und man hatte einige zusätzliche fahrbare Liegen an den Wänden aufgestellt. Lautes Stimmengewirr erfüllte den Raum, untermalt vom Piepen zahlloser Überwachungsgeräte. Es roch nach Sterilisationsmitteln und den Ausdünstungen kranker Menschen. An einigen Betten standen Angehörige mit Mundschutz, die sich immer wieder sorgenvoll umblickten.
Alain wurde zu dem einzigen freien Bett gefahren, das gerade von einem Pfleger frisch bezogen wurde. Der bisherige Inhaber musste entweder gerade entlassen worden sein, oder er hatte es nicht mehr geschafft, lebend hier herauszukommen. Neben dem Bett stand ein Mann mit sorgfältig gegelten Haaren und einem viel zu eleganten dunklen Anzug. Er half Alain, sich aus dem Rollstuhl zu heben und ins Bett zu legen.
»Danke«, sagte Alain.
»Keine Ursache«, sagte der Mann. »Helfen ist sozusagen mein Beruf. Darf ich mich vorstellen? Mein Name ist Rufus Dubois von der Eternia Sterbemanagement S. A.«
»Sterbemanagement? Da sind Sie bei mir falsch. Ich sterbe nicht.«
Dubois zog eine Augenbraue hoch. »Ich fürchte, da täuschen Sie sich«, sagte er. »Sterben müssen wir alle.«
»Ich meine, ich sterbe noch nicht jetzt. In der nahen Zukunft.« Er schluckte. »Wahrscheinlich.«
Dubois nickte. »Natürlich. Wenn Sie jetzt stürben, wäre es ja auch zu spät, einen Sterbevertrag zu schließen.« Er lächelte milde.
»Hören Sie, Monsieur Dubois, ich habe schon eine Lebensversicherung, und ich brauche ...«

»Nein, nein, nein«, unterbrach ihn Dubois. »Sie verstehen das ganz falsch. Ich will Ihnen keine Versicherung verkaufen, bei der Sie bezahlen und andere hinterher das Geld kriegen. Ganz und gar nicht. Was ich Ihnen anbiete, ist Unsterblichkeit. In gewisser Hinsicht jedenfalls.«

Zorn stieg in Alain auf. »Ich habe wirklich keine Lust, mich von Ihnen veralbern zu lassen. Und falls Sie mir vorschlagen, dass ich mich einfrieren lassen soll, in der vagen Hoffnung, dass irgendwann in tausend Jahren ...«

Dubois unterbrach ihn erneut mit seiner ruhigen, verständnisvollen Stimme, als spreche er mit einem begriffsstutzigen Kind. »Sie missverstehen mich schon wieder. Die Eternia Sterbemanagement S. A. ist spezialisiert auf das Humancloning.«

»Klonen? Das ist doch illegal!«

Dubois machte einen erschrockenen Gesichtsausdruck. »Aber ganz und gar nicht! Jedenfalls nicht dort, wo die Firma Eternia ihren Stammsitz hat. Hier in Europa entnehmen wir Ihnen nur eine winzige Gewebeprobe. Das ist absolut legal und vollkommen schmerzfrei. Und wenn Sie wider Erwarten doch irgendwann das Zeitliche segnen sollten, suchen wir uns eine freiwillige Trägermutter ...«

»... der Sie dann die aus meiner Zelle gewonnenen Gene in einer Eizelle einsetzen. Und Sie glauben, ich lebe dann weiter? Das ist doch Unsinn!«

»Der Embryo würde Ihnen in jeder Hinsicht gleichen. Buchstäblich bis aufs Haar. Sie würden praktisch wiedergeboren! In der indischen Mythologie ...«

»Ich pfeif auf die indische Mythologie«, schrie Alain und kümmerte sich nicht um die erschrockenen oder ärgerlichen Blicke der anderen Patienten. »Wenn ich tot bin, bin ich tot, und basta! Scheren Sie sich zum Teufel mit Ihrem verdammten Sterbemanagement!«

Dubois machte keine Anstalten, aufzustehen. »Ich kann Ihre Erregung durchaus verstehen, äh ...« – er sah auf das Display des Medicontrol-Systems neben Alains Bett –, »... Monsieur Degas, aber ich versichere Ihnen ...«

»Doktor Degas für Sie, Sie Aasgeier!«, rief Alain. »Ich bin Arzt hier und habe exzellente Verbindungen zur Klinikleitung. Wenn Sie nicht sofort verschwinden, dann werde ich ...«

Dubois betrachtete mit hochgezogenen Augenbrauen Alains mintgrünen Kittel. Sein Mund verzog sich zu einem milden Lächeln.

»Selbstverständlich, Doktor Degas.« Er überbetonte das Wort Doktor, so dass es lächerlich wirkte. »Ich werde später noch einmal vorbeikommen. Vielleicht überlegen Sie es sich bis dahin noch einmal. Die meisten Menschen in diesem Raum sind bereits unsere zufriedenen Kunden. Auf Wiedersehen!«

»Darauf kann ich prima verzichten!«, rief Alain ihm nach. Er ließ sich auf das Kissen sinken und versuchte sich zu beruhigen. Bildete er es sich nur ein, oder war der Rhythmus der Maschine in seiner Brust unregelmäßig geworden? Sein Blick fiel auf den Mann im Bett neben ihm, der gut zwanzig Jahre älter sein mochte als Alain. Er hing an mehreren Schläuchen, die ihn mit Schmerzmitteln und flüssiger Nahrung versorgten. Sein Gesicht war sehr blass, aber in seinen gelblich schimmernden Augen glomm ein schwacher Funke des Erkennens.

»Sie ... Sie sind Dr. Degas!«, röchelte er.

»Tut mir leid, ich kann mich nicht an Sie erinnern«, sagte Alain.

»Sie ... Sie haben meiner Tochter geholfen«, sagte der Mann, und seine Augen glitzerten von Tränen. »Ohne Sie ... wäre sie gestorben.«

»Ich werde dafür sorgen, dass man auch Ihnen hilft!«, sagte Alain. Er sah sich nach einem Klingelknopf um, mit dem man einen Pfleger herbeirufen konnte, aber es gab keinen.

»Dafür ist es zu spät«, röchelte der Mann. »Ich wollte Ihnen nur sagen, wie dankbar ich Ihnen bin.« Er versuchte zu lächeln. Es sah gespenstisch aus.

Eingriff

Marie betrachte das schlagende Herz im Organtester. Alains Herz. Obwohl die Versicherung die Operation nicht finanzierte, hatte sie entschieden, den Druckvorgang wie geplant abzuschließen. Sie hatte mit Professor Bourcy gesprochen und versucht, eine Pro-Bono-Operation für Alain durchzusetzen, der immerhin ein verdienter Kollege war, aber der hatte das abgelehnt. Gerade weil er ein Arzt des Krankenhauses sei, könne man auf keinen Fall eine kostenlose Operation durchführen. Dies würde von der Öffentlichkeit als Willkür und Vetternwirtschaft ausgelegt. Die Liste der Hilfsbedürftigen, die dringend operiert werden müssten, sei kilometerlang und Dr. Degas bei weitem nicht der kritischste Fall. Außerdem habe er sich seine Situation selbst zuzuschreiben. Im Übrigen stünden sie alle unter enormem wirtschaftlichen Druck. Personal Care habe bereits eine Unternehmensberatung beauftragt, herauszufinden, warum die Wirtschaftlichkeit der Klinik seit Jahren deutlich unter dem Durchschnitt liege. Die Firma sei schließlich nicht nur der öffentlichen Gesundheit verpflichtet, sondern auch den Aktionären, das müsse sie verstehen.

Marie hatte nur eines verstanden: Wenn Alain nicht bald operiert wurde, würde er mit seinem defekten Kunstherz entlassen und nie wieder in ein Krankenhaus von Personal Care aufgenommen werden. Irgendwann, vielleicht schon sehr bald, würde er einfach tot auf der Straße zusammenbrechen. Sie musste einen Weg finden, wieder einmal das System zu überlisten und diese Operation durchzuführen, ohne dass Personal Care etwas davon mitbekam. Aber die OPs waren auf Monate hinaus ausgebucht und wurden rund um die Uhr genutzt. Es gab keine Möglichkeit, Alain irgendwie unbemerkt dazwischenzuschieben, zumal das Einsetzen eines neuen Herzens immer noch nicht gerade ein Routineeingriff war.

Ein Piepen ertönte. Sie spreizte Daumen und Zeigfinger und sah das Bild eines alten Mannes, der in seinem Platin-Patientenzimmer im Bett lag. Jacques Martin, hundertvierundzwanzig Jahre, Inhaber eines Handelsimperiums und Multimillionär, wartete auf die Transplantation seines fünften Austauschherzens. Das vierte hatte nur sechs Monate durchgehalten. Die Kurve seines Herzschlags unter dem Bild war flach. Marie erschrak. Das neue Herz von Monsieur Martin war das nächste auf der Herstellungsliste. Wenn sie sich an die Anweisung der Versicherung gehalten und den Druck von Alains Herz abgebrochen hätte, wäre es vielleicht noch rechtzeitig fertig geworden. Doch es war zu spät – er war tot.

Ein Gefühl tiefer Schuld legte sich über sie wie ein Schleier. Welches Recht hatte sie gehabt, zu entscheiden, dass Alain leben sollte und jemand anderer nicht? Egal, jetzt konnte sie für beide nichts mehr tun. Es sei denn …

Sie stürmte aus dem Raum. Einige Minuten später schloss sie die Glastür eines Zimmers der Platinklasse hinter sich. Neben der Tür blinkte ein Display auf: »Achtung Notfall!« Sie drückte einen Knopf, und die Schrift veränderte sich: »Jacques Martin. Ich freue mich auf Besuch.« Sie betrachtete die runde, etwa bohnengroße und noch blutverschmierte Kapsel in ihrer Hand. »Tut mir leid, Monsieur Martin«, murmelte sie.

Kurz darauf war sie im Schlafsaal 3. Alain sah sie mit merkwürdigem Blick an. »Nanu, Dr. Belzac!« Seine Stimme triefte vor Sarkasmus. »Was, bitte, hat denn die Chefärztin der Chirurgie in der Standardklasse zu suchen? Vernachlässigen Sie nicht Ihre Platinkunden, Doktor?«

Marie hatte gute Lust, auf dem Absatz umzudrehen. Aber das hätte es auch nicht besser gemacht – was sie getan hatte, konnte sie nicht mehr ungeschehen machen.

Der Mann neben Degas schlug die Augen auf. Marie kannte ihn: Er hatte Lungenkrebs, und sein Körper war bereits von Metastasen durchsetzt. Ohne eine teure Nanorobotik-Anwendung war er nicht zu heilen. Marie hatte versucht, ihn auf die Pro-Bono-Liste zu setzen, aber er würde nicht mehr rechtzeitig an die Reihe kommen, das wusste er so gut wie sie. Er hatte ihr erzählt, dass es ihm nicht viel ausmachte. Wichtiger war ihm, dass seine Tochter gesund war, die an Gebärmutterkrebs erkrankt und wie durch ein Wunder trotz mangelnden Versicherungsschutzes hier in der Klinik geheilt worden war. Er hatte verschwörerisch gelächelt, als er ihr das erzählte, und gesagt, es gebe noch mehr Menschen wie sie in der Klinik, die Gutes tun; deshalb sei er froh, hier zu sein.

Er lächelte. »Ich muss tot sein«, röchelte er. »Ich sehe zwei Engel neben mir!«

Marie starrte verwundert auf Alain, der ein ebenso überraschtes Gesicht machte. Konnte es sein, dass er ... Sie hatte ihn immer für einen ehrgeizigen, nur auf persönlichen Erfolg bedachten Karrieremenschen gehalten, doch im Grunde genommen konnte man diesen Eindruck auch von ihr selbst haben, wenn man nicht so genau hinsah. Egal, im Moment spielte es keine Rolle, ob er das, was sie zu tun im Begriff war, wert war. Oder vielleicht doch?

»Machen Sie Ihren Arm frei!«, sagte Marie zu Alain.

Er zog eine Augenbraue hoch. »Ich brauche kein Schmerzmittel. Geben Sie das lieber jemand anderem hier.«

»Hören Sie, Alain, ich habe keine Zeit, zu diskutieren.« Sie schob den Ärmel seines grünen Kittels hoch und holte ein Skalpell hervor.

»Was tun Sie da?«, rief er. »Sind Sie ... Aua!«

»Halten Sie die Klappe«, zischte Marie, »oder wir sind beide geliefert!« Blut quoll aus seinem Arm. Mit einem kleinen Häkchen angelte sie die Identifika-

tionskapsel aus der Wunde und schob den Identifikator des Millionärs hinein.
Alain schien zu begreifen, denn er biss die Zähne zusammen und gab keinen Laut mehr von sich.
»Warum … warum tun Sie das?«, fragte er mit großen Augen, als sie die Wunde desinfiziert und mit Fibrinkleber verschlossen hatte.
»Ich glaube, wir brauchen Sie hier noch, Dr. Degas«, sagte sie und lächelte.
Er lächelte auch. Es wirkte ein bisschen traurig.

Marie aktivierte die Holoprojektion. Alains Körper erschien dreidimensional vor ihr. Sie bewegte einen dünnen Stift durch die Luft, und eine Ausschnittvergrößerung seines Brustkorbs erschien. Das schlagende Kunstherz war in allen Einzelheiten zu erkennen.
»Nanu, wen haben wir denn da?«, sagte Travis, der Anästhesist. Er war hinter Marie in den OP gekommen und starrte durch die schmale Glasscheibe in das Innere der Behandlungskammer, die hermetisch von der Außenwelt abgeschirmt war. Alle Eingriffe wurden dort drinnen von Roboterarmen durchgeführt, die von den Chirurgen außerhalb der Kammer gesteuert wurden. So konnten Schnitte und Manipulationen in einer Präzision durchgeführt werden, die menschliche Fähigkeiten weit übertraf. Gleichzeitig sank das Infektionsrisiko beträchtlich. »Wenn das nicht …«
»Der Patient heißt Jacques Martin, 124 Jahre, Versicherungsstatus Platin«, sagte Marie und warf Travis einen eindringlichen Blick zu.
Travis bestätigte ihre stumme Bitte mit einem leichten Kopfnicken. »Hat sich gut gehalten, der Mann«, sagte er mit sarkastischem Unterton.
»Darf ich um Konzentration bitten!«, sagte Marie. »Sind alle soweit? Patient hypotherm?«
Travis nickte. »Durchschnittliche Körpertemperatur zwei Grad Celsius, stabil.«
»Gut. Fangen wir an.« Sie machte eine Bewegung mit dem Stift und sah, wie sich das robotergesteuerte Skalpell Alains Brustkorb näherte.
Ein Alarm ertönte. »Achtung, Dateninkonsistenz«, sagte eine ruhige Frauenstimme über Lautsprecher. »Möglicherweise liegt eine Patientenverwechselung vor. Abbruch der Behandlung und Identitätsprüfung empfohlen.«

»Abgelehnt«, sagte Marie und versuchte das Zittern ihrer Stimme zu unterdrücken. »Die Identität des Patienten wurde durch Sichtprüfung bestätigt. Es handelt sich um Jacques Martin.«
»Daran bestehen begründete Zweifel«, sagte die synthetische Stimme des mit künstlicher Intelligenz ausgestatteten Operationssystems. »Die entnommenen Gewebeproben ergeben eine Inkonsistenz zwischen dem Alter des Patienten und dem in den Patientendaten gespeicherten Alter. Behandlungsabbruch und Überprüfung dringend empfohlen.«
Marie stand der Schweiß auf der Stirn. »Die Gewebeproben stammen wahrscheinlich von Austauschorganen«, improvisierte sie. »An dem ist doch nichts mehr im Originalzustand. Und jetzt lass mich endlich in Ruhe operieren, du bescheuerte Maschine! Ich bin hier der Chefarzt, und ich entscheide, dass die Behandlung fortgesetzt wird!«
»Ich erkenne Stressmerkmale in Ihrer Stimme, Dr. Belzac«, sagte die Künstliche Intelligenz. »Ich empfehle, unverzüglich den Ersatzarzt ...«
»Identität des Patienten Jacques Martin durch zweite Sichtprüfung bestätigt«, sagte Travis ruhig. »Es muss ein Fehler in der Datenübertragung passiert sein.«
Marie warf ihm einen dankbaren Blick zu.
»Unter Berücksichtigung einer zweiten Sichtprüfung ist die Wahrscheinlichkeit eines Datenfehlers größer als die Wahrscheinlichkeit eines zweifachen menschlichen Versagens«, sagte die KI gelassen. »Fortsetzung der Behandlung empfohlen.«
Marie atmete auf. Sie dirigierte die vier Roboterarme der Behandlungskammer mit professioneller Ruhe und Eleganz. Nach einer guten halben Stunde waren die Blutgefäße abgeklemmt und das Kunstherz aus dem Körper entfernt.
Sie setzte das neue, ebenfalls gekühlte Herz ein und verschweißte die Blutgefäße und Nervenstränge mit den entsprechenden Stümpfen an seinen Kammern. Dann kam der kritische Teil: Noch bevor die entnommenen Rippen wieder eingesetzt und der Brustkorb geschlossen waren, wurde die gekühlte Flüssigkeit in Alains Adern durch sein warmes Blut ersetzt und der Körper wieder auf seine Betriebstemperatur von 37 Grad gebracht. Dieser extreme Temperaturschock stellte eine große Belastung für die Organe dar und barg ein gewisses Risiko.

Mit leicht zitternder Hand berührte Marie mit dem Stift eine Stelle in der Luft. Die Elektroden an den Enden eines Roboterarms, der das noch nackte Herz berührte, sandten leichte Stromstöße in den Muskel.
Marie konnte in der 3D-Projektion sehen, wie das Herz einmal, zweimal zuckte und dann erschlaffte.
Sie gab erneut einen elektrischen Impuls, etwas stärker diesmal. Wieder bäumte sich der künstlich hergestellte Muskel auf, doch abermals hörte das Zucken nach wenigen Schlägen auf.
»Verdammt!«
Travis sah zu ihr herüber. »Sieht nicht gut aus.«
»Komm schon, Alain!« Wieder löste sie einen Stromstoß aus.
Er ist ein Patient wie jeder andere, versuchte sie sich einzureden. Denk nicht darüber nach. Du bist Ärztin, du musst deine Professionalität wahren. Sonst fängst du an, Fehler zu machen.
Das Herz zuckte viermal, dann erschlaffte es. In Maries Augenwinkeln formten sich Tränen.
Das Herz zuckte ein weiteres Mal, nur leicht, aber doch deutlich erkennbar. Dann noch einmal, unregelmäßig, aber schon kräftiger. Und schließlich begann es kräftig und regelmäßig zu pumpen.
Gerade noch rechtzeitig konnte Marie sich einen Triumphschrei verkneifen.
»Wir haben es geschafft«, sagte Travis. »Glückwunsch, Dr. Belzac!«
»Danke für Ihre Unterstützung, Travis.« Sie lächelte und reichte ihm die Hand, was unter Ärzten eher unüblich war.
Er ergriff sie zögernd. »Sollten wir Monsieur Martin nicht vielleicht erst mal wieder zumachen?«, fragte er mit hochgezogener Augenbraue.
Marie lachte.

Jana Stravisky betrachtete das 3D-Bild vor sich. Einer der besten Kunden von Personal Care in Paris war laut Patientenakte während einer Herztransplantation gestorben. Die Künstliche Intelligenz zur Überprüfung der Todesfälle hatte keinen Hinweis auf Manipulation oder Fremdeinwirkung gefunden, aber so was sah man sich besser noch mal genauer an.
Sie kannte Jacques Martin aus unzähligen Holos. Das ausschweifende Leben

des Millionärs war legendär. Es war eigentlich kein Wunder, dass sein Körper trotz aller Medizintechnik irgendwann den Geist aufgegeben hatte. Immerhin lag er mit seinem Alter von 124 Jahren bereits dicht an der heute erreichbaren biologischen Grenze – es gab nur einige hundert Menschen auf der Welt, die älter waren. Außerdem war der Einsatz eines neuen Herzens noch immer mit erheblichen Risiken verbunden, besonders wenn es bereits das fünfte war.
Das Risiko, dass die Firma wegen eines Kunstfehlers verklagt wurde, war in diesem Fall gering. Jacques Martin konnte sich nicht mehr beschweren, und seine Erben hatten mit ihren Streitigkeiten untereinander sicher genug zu tun.
Trotzdem. Eine leise Stimme in ihrem Hinterkopf sagte ihr, dass mit diesem Fall irgendetwas nicht stimmte.
Sie streckte sich genüsslich auf ihrem Sessel. Sie würde schon herausfinden, was los war.

Der kontrollierte Mensch

In der ersten Episode erleben die Hauptfiguren Alain und Marie eine Welt, die heute in ihren Geburtswehen liegt. Die technischen Vorraussetzungen, die medizinischen Errungenschaften, die in fünfzig Jahren Standard sein könnten, werden gegenwärtig geschaffen – mit all ihren Konsequenzen für Gesellschaft und Individuum.

In der Wissenschaft finden Revolutionen oft lautlos statt. Die ersten künstlichen Ersatzteile für den menschlichen Körper sind bereits gezüchtet und implantiert worden. Die Forscher hoffen, dass sie in fünfzig Jahren auch komplizierte Organe aus menschlichen Zellen erschaffen können. Vor fünfzehn Jahren waren geklonte Menschen noch eine wahnwitzige Idee von Science-Fiction-Autoren. Inzwischen stellt sich nur noch die Frage, welcher Wissenschaftler sich als Erster über die ethisch-moralische Grenze, die bislang noch gilt, hinwegsetzt.

Die Härten einer Mehr-Klassen-Medizin sowie die zunehmende Kontrolle des Versicherten durch das Gesundheitssystem sind heute schon spürbar und scheinen für die Zukunft kaum vermeidbar. Unser System plagt sich im Spannungsfeld zwischen wissenschaftlich Möglichem und wirtschaftlich Sinnvollem. Je raffinierter und individueller die Diagnose- und Behandlungsmethoden werden, desto teurer wird die ärztliche Dienstleistung. Schon heute erscheint es möglich, dass Krankenversicherungen, abgesehen von lebenserhaltenden Operationen, künftig nur noch die Grundversorgung sicherstellen könnten. Wer beansprucht, seinen Lebenswandel auch weiterhin selbst zu bestimmen, sollte heute schon mit dem Sparen beginnen. Noch belohnen Krankenversicherungen gesundheitsbewusstes Verhalten ihrer Kunden mit Prämiensenkungen und Bonuspunkten. Sollte die Kostenexplosion im Gesundheitsbereich weiter anhalten, wird auch der umgekehrte Weg vorstellbar: Wer seinen Körper nicht im Sinne des Versicherungsträgers gesund hält, hat keinen Anspruch mehr auf alle Leistungen.

Die zunehmende Vernetzung, die auch unseren privaten Lebensbereich mehr und mehr durchzieht, wird in dieser Hinsicht eine zwiespältige Rolle spielen. Funktionskleidung, die mit Sensoren und winzigen Elektroden unsere Körpersignale abtastet und registriert, kann einerseits schnellstmöglich lebensrettende Hilfe rufen. Gleichzeitig könnte eine solche Technologie missbraucht werden, um zu überwachen, wie der Einzelne, gemessen an ökonomischen Maßstäben, mit seiner Gesundheit umgeht. Der Wunsch nach Sicherheit lässt die Implikationen einer solchen Vernetzung leicht verschwimmen. Wäre es nicht sinnvoll, wenn die Jacke eines Kindes die Eltern permanent über seinen Aufenthaltsort und sein Befinden informierte? Wenn die Kleidung eines alten Menschen bei einer Beschleunigung des Herzschlags oder ungewohnten Geräuschen einen Arzt oder Pfleger verständigte? Wie viele Todesfälle wären vermeidbar? Ließen sich kriminelle Übergriffe verhindern? Mit jedem Kindesmissbrauch, jedem wahrgenommenen Unfall steigt die Akzeptanz von Entwicklungen, die unsere Welt zwar sicherer machen, womöglich aber auch kontrollierbarer.

Die folgenden Kapitel veranschaulichen, wie weit Wissenschaft und Technik bereits vorangeschritten sind, was gegenwärtig möglich oder denkbar ist und was nicht. Je mehr wir über künftige Entwicklungen wissen, desto früher und objektiver können wir auch jenseits einer rein naturwissenschaftlich und technisch orientierten Sicht auf unsere Zukunft Einfluss nehmen.

Einmal Jenseits und zurück – Suspended animation

Eine Rückfahrkarte für die Reise ins Jenseits – nicht mehr und nicht weniger entwickeln Notfallmediziner derzeit in Wien. Zumindest bei Schweinen muss der Tod schon heute nicht mehr endgültig sein. Hunderte von Tieren haben die Ärzte der Tierversuchsanstalt des Allgemeinen Krankenhauses in Wien bereits zurück ins Leben geholt – zum Teil waren die Borstentiere mehrere Stunden lang tot. Die Suspended animation, der künstliche Scheintod, scheint einen alten Menschheitstraum wahr zu machen.

Auf dem OP-Tisch von Doktor Wilhelm Behringer liegt eine Sau in tiefer Narkose – die Augen geschlossen, alle viere von sich gestreckt. Jetzt versetzt der Mediziner dem Herzen des Tieres einen Stromschlag. Das Schwein hört auf zu atmen, sein Herz steht still, und das Gehirn wird nicht mehr durchblutet. Doktor Behringer simuliert einen Infarkt mit anschließendem Herzstillstand. Ein Schicksal, das viele Patienten nicht überleben, weil sie nicht rechtzeitig im Krankenhaus behandelt werden können. Selbst wenn die Reanimation dann erfolgreich ist, hat das Gehirn bereits Schaden genommen. Es übersteht nur wenige Minuten ohne Sauerstoff. Die Schweine dagegen holt Doktor Behringer regelmäßig erst nach über dreißig Minuten zurück ins Leben. So lange könnte der Transport eines Infarktpatienten ins Krankenhaus dauern. Trotz ihres Ausflugs ins Jenseits benehmen sich die Tiere anschließend völlig normal. Zu verdanken haben sie das einem medizinischen Trick. Doktor Behringer spült literweise kalte Kochsalzlösung in die Körper der Tiere. Innerhalb weniger Minuten sinkt die Körpertemperatur auf 15 Grad. Die Kälte macht die Tiere zumindest kurzfristig immun gegen den Tod. 85 Prozent überleben die Prozedur – genau wie die Sau, die noch immer bei Doktor Behringer im OP liegt. Der Mediziner hat inzwischen die Herz-Lungen-Maschine angeschlossen und das Tier reanimiert. Zuerst beginnt das Herz zu schlagen, dann schlägt die Sau die Augen auf. Wenig später steht sie wieder auf ihren vier Beinen und blickt erstaunt umher. Den eigenen Tod hat das Schwein offenbar gut überstanden.

Bisher gab es die Chance auf ein zweites Leben nur in der Fiktion. Doch etliche reiche Amerikaner vertrauen fest auf den Fortschritt der Wissenschaft und die Aussicht auf die eigene Wiedergeburt. Sie zahlen hohe Summen, um sich nach dem Tod in flüssigem Stickstoff einfrieren zu lassen. Die ersten Kandidaten sind bereits gestor-

ben und warten in großen Tanks auf ihre Erweckung. Höchstwahrscheinlich jedoch vergeblich, denn durch das plötzliche Einfrieren haben sich Eiskristalle in den Zellen ihrer Körper gebildet, die das Gewebe unwiderruflich zerstören.
Künftigen Patienten jedoch könnten die neuen Verfahren das Leben retten. Nicht nur in Wien, auch in den USA forschen Wissenschaftler an der suspended animation. In Massachusetts geht es Professor Hasan Alam nicht um Infarktpatienten, sondern um Menschen, die mit schweren Wunden ins Krankenhaus kommen – mit Schusswunden oder Unfallverletzungen zum Beispiel. Häufig seien die Wunden gar nicht so schwer zu vernähen, doch den Chirurgen läuft die Zeit davon, und die Patienten verbluten. Auch in diesem Fall könnte die kalte Kochsalzlösung Leben retten. Den Erfolg des Verfahrens testen die Forscher in Boston ebenfalls zunächst an Schweinen. Mit dem Skalpell fügen sie den Tieren lebensgefährliche Verletzungen zu. Schmerzen müssen die Schweine nicht erleiden, sie sind in tiefer Narkose. Die Mediziner lassen die verletzten Tiere dann minutenlang ausbluten. Das Blut wird aufgefangen, mit Sauerstoff versorgt und warm gehalten. Erst danach pumpen sie die zwei Grad kalte Kochsalzlösung in die Aorta der Tiere – mit demselben Effekt wie in Wien: Die Körpertemperatur sinkt, der Stoffwechsel verlangsamt sich. Der Kälteschock bremst den Prozess des Sterbens und schont das Gehirn. Bei zehn Grad Körpertemperatur überlebt auch das menschliche Hirn fast zwei Stunden, ohne Schaden zu nehmen.
Während die Schweine eine Pause im Jenseits einlegen, versorgen die Ärzte in Ruhe die Wunden. Dann leiten sie das Blut langsam zurück in den Körper und reanimieren die Tiere. In verschiedenen Verhaltenstests müssen die wiederauferstandenen Schweine anschließend gegen gewöhnliche Artgenossen antreten: Versteckte Futter stöberten sie dabei genauso sicher auf wie die Tiere ohne Todeserfahrung. Auch eine spätere Gewebeuntersuchung des Gehirns ergab keinerlei Unterschied. Hasan Alam ist von dem Verfahren so überzeugt, dass er in Kürze klinische Tests am Menschen durchführen will. Die ersten Kandidaten sollen Unfallpatienten sein, die ohne die Reise in den Tod sicher verbluten würden.
Wie lange Mensch und Tier unbeschadet im Zustand des Todes verbringen können, ist noch unklar. Mäuse halten bisher mit sechs Stunden den absoluten Längenrekord. Echte Zeitreisen ermöglicht die Suspended animation also nicht. Zahlreichen Unfall- und Infarktpatienten könnte sie jedoch in fünfzig Jahren das Leben retten.

Organe aus dem Drucker – Tissue engineering

Ein Tintenstrahldrucker bei der Arbeit: Unermüdlich rattert die Druckpatrone über das Papier. Ein vertrauter Anblick, und doch ist alles anders. Das Gerät beschreibt nämlich kein Papier. Es druckt Organe – Herzen, Lebern und Nieren. Noch ist das Science-Fiction, doch in einigen Jahrzehnten könnte es Wirklichkeit sein, denn die Prototypen dieser Technik existieren bereits.

»Diese Zellen hier haben wir gedruckt«, sagt Professor Thomas Boland von der Clemson University in South Carolina stolz. Unter dem Mikroskop sieht man, wie das Gewebe grün fluoresziert. Die Farbe zeigt den Forschern, dass die Zellen den Druckprozess überlebt haben und dass sie sich kräftig weiterteilen. Die ungewöhnliche Idee kam Thomas Boland beim Einkaufen. »Wir hatten gerade Probleme mit unseren Zellen«, erzählt er. »Und als ich im Laden die Druckerpatrone gesehen habe, dachte ich, Mensch, das könnte die Lösung sein.« Die Wissenschaftler haben die Tinte entfernt, die Patrone ausgespült und sterilisiert. Von dem Erfolg waren sie selber überrascht. »Wenn die Entwicklung so weitergeht, können wir in fünfzig Jahren tatsächlich ein vollständiges Herz drucken«, prognostiziert Professor Boland.

Tissue engineering – so heißt eine Vielzahl von neuen Verfahren. Über zweihundert Forschungsteams weltweit suchen nach Wegen, mit denen sich Gewebe und Organe züchten lassen. Der Bedarf ist riesig, denn die Lebenserwartung der Menschen steigt. Herz, Leber oder Niere verschleißen, und es mangelt an Spenderorganen. Durchschnittlich fünf Jahre wartet ein Patient in Deutschland beispielsweise auf eine Spenderniere. Durch die neuen Techniken des Tissue engineering könnte das irgendwann anders werden.

Der wichtigste Rohstoff für die Gewebezucht sind menschliche Zellen. Mehr als zehn Billionen arbeiten im Körper eines Menschen zusammen: Hautzellen, Nervenzellen, Immunzellen, Herzmuskelzellen – rund 220 verschiedene Zelltypen formen unseren Körper. Aber wie organisieren sie sich? Wie bilden sie Organe? Es gleicht einem Wunder, dass im Laufe der Entwicklung jede Zelle ihren Platz findet. Noch haben die Wissenschaftler diesen Prozess nicht vollständig verstanden. Klar ist jedoch, dass der genetische Bauplan einer Zelle ihr Schicksal bestimmt. Den Entwicklungsprozess, der im Körper quasi von allein abläuft, wollen die Forscher im Labor kopieren.

Als Pionier des Tissue engineering gilt der amerikanische Mediziner Charles Vacanti. Bereits vor zwanzig Jahren experimentierte er mit Knorpelgewebe. Ein Experiment machte ihn berühmt: Vacanti nahm das Gerüst eines Ohrs und siedelte darauf menschliche Knorpelzellen an. Das Ohr nähte er auf dem Rücken einer Maus fest. Dann drückte er auf den Auslöser seiner Kamera. Das Bild entsetzte Tierschützer in aller Welt und wurde doch zur Vision des Tissue engineering: Ganze Organe, vielleicht sogar Gliedmaßen würden sich im Labor züchten lassen.

Tatsächlich gelingt das bei zwei Gewebetypen schon recht gut. Bereits heute werden Haut und Knorpel aus der Petrischale transplantiert und leisten etwa in beschädigten Gelenken gute Dienste. Doch die Pläne der Forscher gehen weit darüber hinaus. Professor Axel Haverich von der Medizinischen Hochschule Hannover setzt jungen Herzpatienten bereits heute Klappen aus dem Bioreaktor ein. Weil die Technik in Deutschland noch nicht zugelassen ist, werden die Eingriffe im Rahmen einer Kooperation mit der Universitätsklinik Chişinău in Moldawien durchgeführt.

So war es auch bei dem kleinen Tim. Der Junge litt an einem schweren Herzfehler, die Pulmonalklappe funktionierte nicht richtig. Um ihn zu heilen, entnahm der Mediziner einige Zellen aus der Beinarterie des Kindes. Als Baustoff für die Herzklappe isolierte er daraus zwei verschiedene Zelltypen und vermehrte sie in einer speziellen Nährlösung. Um eine Herzklappe zu formen, brauchen die Zellen ein Gerüst, an dem sie sich sozusagen abarbeiten können. Sonst fallen sie zusammen wie trockener Sand. Die Forscher der medizinischen Hochschule Hannover benutzen dafür Herzklappen vom Schwein, die sie von allen Zellen befreien. Dann wird die Klappe mit den menschlichen Zellen besiedelt. Nach circa drei Wochen ist sie fertig ausgebildet und kann eingesetzt werden.

Das Besondere an dem neuen Verfahren: »Die Implantate rufen keine Abstoßungsreaktionen vor«, sagt Professor Haverich, »denn sie sind aus körpereigenen Zellen entstanden.« Der Patient braucht weniger Medikamente. Und noch einen Vorteil haben die gezüchteten Herzklappen. Wenn das Kind wächst, wächst die Herzklappe mit. Den kleinen Patienten werden dadurch gleich mehrere riskante Folgeoperationen erspart, denn konventionelle Herzklappen müssen bei Kindern nach wenigen Jahren gegen größere Implantate ausgetauscht werden.

Die Herzklappen sind bereits ein großer Erfolg, doch die Ziele der Bioingenieure reichen weiter, sie wollen ganze Organe herstellen. Allerdings stehen die Wissenschaftler noch vor großen Problemen, denn jedes Organ ist von feinsten Blutgefäßen durchzogen. »Das können wir bis jetzt nicht nachbilden«, sagt Doktor Stefan Jockenhövel vom Helmholtz-Institut für Biomedizinische Technik der RWTH Aachen.

Seine Arbeitsgruppe hat eine eigene Technik entwickelt, Herzklappen herzustellen. Die Aachener kommen dabei ohne die Spende vom Schwein aus. Die fertige Herzklappe besteht ausschließlich aus körpereigenem Material. »Im Tierversuch funktionieren die Klappen bereits«, sagt Jockenhövel, »für den Einsatz im Krankenhaus brauchen wir noch circa fünf Jahre.« Der Qualitätsstandard müsse bei einer Herzklappe besonders hoch sein. »Wenn ein Knorpel für das Kniegelenk fehlerhaft ist, humpelt der Empfänger«, so Jockenhövel, »versagt dagegen eine Herzklappe, kann der Patient sterben.«

Auch wenn der Weg noch weit ist, die Forscher geben ihr Ziel nicht auf: »Es mag unglaublich klingen, aber wir werden in Zukunft Organe herstellen«, sagt Professor Augustinus Bader von der Universität Leipzig. Der Weg dahin könnte über den guten alten Tintenstrahldrucker führen. An der Clemson University ist es den Wissenschaftlern mittlerweile gelungen, unterschiedliche Zelltypen zu drucken. Wie bei einem Farbdrucker kommen aus den einzelnen Düsen der umgebauten Druckerpatrone die verschiedenen Zellen – bei einem Herzen zum Beispiel Herzmuskelzellen, Nerven- und Blutgefäßzellen.

»Mit dem Drucker können wir die Zellen viel exakter positionieren«, sagt Professor Boland. Die Forscher haben zum Beispiel tierische Herzzellen in mehreren Lagen gedruckt. Bereits nach kurzer Zeit begannen die Zellen, sich rhythmisch zu bewegen – zu »schlagen«. »Im Prinzip lassen sich auch komplexe dreidimensionale Strukturen drucken«, glaubt Boland, »sogar Blutgefäße.« In der Praxis jedoch sind noch etliche Hürden zu überwinden, bevor das erste gedruckte Herz seine Funktion übernehmen kann.

Doppelt hält länger – Klonen

1997 machte Dolly Schlagzeilen. Sie war das erste geklonte Schaf. Dass Klon-Tiere mittlerweile problemlos einen ganzen Bauernhof füllen würden, weiß dagegen kaum jemand: Genetiker haben Rinder kopiert, Ziegen, Schweine, Hirsche und Pferde. Eine kalifornische Firma bietet solventen Katzenbesitzern an, den Stubentiger genetisch zu vervielfältigen. Erfolgreiche Sportpferde werden geklont, damit das wertvolle Erbgut nicht verlorengeht. In nicht allzu ferner Zukunft könnten die meisten unserer Haus- und Nutztiere aus der Klonküche stammen.

Was bei Tieren teils stirnrunzelnd, teils amüsiert hingenommen wird, ist heftig umstritten, sobald es um den Menschen geht. Filme wie »Star Wars«, in denen Klon-Krieger unermüdlich um die Macht kämpfen, schüren diffuse Ängste. Generationen von Schülern haben Aldous Huxleys Roman »Schöne neue Welt« gelesen, in dem die Menschheit ausschließlich aus verschiedenen Klassen von Klonen besteht. Mit der Realität des Klonens haben diese Science-Fiction-Geschichten nicht viel zu tun. Auch in fünfzig Jahren wird kein menschlicher Einheitsbrei die Straßen füllen.

Was passiert überhaupt bei der umstrittenen Technik? Theoretisch ist alles ganz einfach: Wer einen Menschen klonen will, braucht eine seiner Zellen, eine Hautzelle zum Beispiel. Aus dieser entnehmen Genetiker den Zellkern mit dem Erbmaterial und übertragen ihn in eine Eizelle, die zuvor entkernt wurde. Die Schöpfung aus dem Reagenzglas verhält sich dann wie eine befruchtete Eizelle: Sie beginnt sich zu teilen. Aus einer Zelle werden zwei, vier, acht, und so geht es weiter. Innerhalb einer Woche entsteht im Brutschrank eine Hohlkugel, die Blastocyste.

An dieser Stelle scheiden sich die Wege. Der eine Pfad führt zum reproduktiven Klonen und ist in den meisten Ländern streng verboten. Im Prinzip jedoch wäre wieder alles ganz einfach: Wer tatsächlich einen Menschen klonen will, muss den Embryo in die Gebärmutter einer Leihmutter einpflanzen. Neun Monate später käme das Klonbaby zur Welt. Doch bis heute lebt wahrscheinlich kein Mensch aus der Klonküche unter uns – obwohl bereits mehrfach die Geburt des ersten Klonbabys verkündet wurde. Die Sekte der Raelianer reklamiert diesen zweifelhaften Erfolg für sich, und auch der italienischen Gynäkologe Severino Antinori will bereits Menschen geklont haben. Fotos und anderes Beweismaterial blieben jedoch aus.

Anders sieht es beim zweiten Weg aus, dem therapeutischen Klonen. Hier geht es nicht darum, Menschen zu züchten. Forscher, die sich mit dem therapeutischen Klonen beschäftigen, wollen embryonale Stammzellen gewinnen, um damit – irgendwann – schwere Krankheiten zu heilen. Ihnen geht es um die Blastocyste, denn darin befinden sich die begehrten embryonalen Stammzellen.

»Parkinson, Chorea Huntington, Schlaganfall oder Multiple Sklerose sind potentiell mit embryonalen Stammzellen zu behandeln«, prognostiziert Oliver Brüstle, Professor für Rekonstruktive Neurobiologie an der Universität Bonn. In Deutschland treibt er die Forschung mit embryonalen Stammzellen am entschiedensten voran – und sorgt damit immer wieder für heftige Proteste. Für die einen ist Brüstle der Heilsbringer, für die anderen eine Art Frankenstein.

Brüstle selbst ist begeistert von den »scheinbar unbegrenzten« Möglichkeiten der winzigen Zellen. Und wie ihm geht es vielen seiner Kollegen. Unter dem Mikroskop können die Genetiker beobachten, wie sich Stammzellen immer weiter teilen. Regelmäßig fangen einzelne Zellen an, sich rhythmisch zusammenzuziehen. Aus ihnen entstehen die Vorläufer von Herzmuskelzellen. Im Tierversuch ist es Kölner Forschern bereits gelungen, Teile einer Herzinfarktnarbe durch gezüchtete Zellen zu ersetzen. Die Hoffnungen sind groß: Einige Wissenschaftler sehen in den embryonalen Stammzellen ein schier unerschöpfliches Lager für menschliche Gewebe und Organe. Unspezialisiert, wie sie sind, können sich Stammzellen zu jedem der mehr als 200 Zelltypen des menschlichen Körpers entwickeln. Irgendwann wird man die Weichen der Zellentwicklung gezielt in die gewünschte Richtung stellen können.

Dass diese Vision heute noch Zukunftsmusik ist, zeigen Aufstieg und Fall des südkoreanischen Forschers Hwang Woo-Suk. 2004 galt er als der erste Forscher weltweit, dem es gelungen sei, menschliche Embryonen zu klonen. Südkorea feierte Hwang wie einen Nationalhelden. Die Stammzellen jedoch, die er aus seinen Klonen erzeugt haben wollte, waren allesamt gefälscht. In kürzester Zeit wurde der Held zum Betrüger. Bis heute ist es niemandem gelungen, embryonale Stammzellen aus einem geklonten Embryo herzustellen.

Die Entwicklung in Südkorea hat die Debatte über Chancen und Grenzen der Biotechnik neu angefacht. Hinter allem steht die Frage, wann das menschliche Leben beginnt. Kommt bereits der befruchteten Eizelle Menschenwürde zu? Darf man

Embryonen, aus denen theoretisch ein Mensch werden könnte, überhaupt für die Forschung nutzen? Im Jahr 2007 verläuft der scheinbar unüberwindbare Graben zwischen den Meinungsgegnern quer durch Länder und Parteien.

Der Stammzellforscher Mirodag Stojkovic kann die Debatte nicht nachvollziehen. »Die Embryonen, die wir nutzen, haben doch überhaupt keine Chance, ein Kind zu werden«, sagt Stojkovic. Entweder seien sie ausschließlich für die Forschung erzeugt worden, oder es handele sich um Überschüsse aus Fortpflanzungskliniken. »Warum soll es besser sein, diese Embryonen in den Abfalleimer zu werfen, als sie für die Forschung zu nutzen«, fragt er. In Deutschland jedoch ist auch das therapeutische Klonen streng verboten, und deshalb forscht Stojkovic mittlerweile in England und Spanien. Dort sind die gesetzlichen Regelungen weniger streng.

Noch liberaler ist die Sicht in Südostasien. Bevölkerung und Politik begreifen die Biotechnologie als riesige Chance. Die Branche boomt. Trotz des aktuellen Rückschlags in Südkorea wird deshalb das Klonzentrum in fünfzig Jahren wohl in Asien liegen. Die erste Therapie mit maßgeschneiderten embryonalen Stammzellen wird vielleicht in Singapur entwickelt.

Und wie sieht es mit dem reproduktiven Klonen aus, also dem »Kopieren« von erwachsenen Menschen? Weltweit sind die Genetiker davon überzeugt, dass es nur eine Frage der Zeit ist, bis das Klonen von Menschen gelingt. Und wenn die Technik funktioniert, wird sie irgendwann auch jemand anwenden, trotz aller Verbote. Armeen aus Klon-Kriegern müssen wir dennoch nicht befürchten, denn eines ist klar: Der Mensch ist mehr als das Produkt seiner Gene.

An der Schnittstelle von Mensch und Maschine – Neuroimplantate

Matthew Nagle ist der erste Mensch, dessen Gehirn direkt mit einem Computer kommuniziert. Ohne auch nur einen Finger an Maus oder Tastatur zu legen, malt Matthew Kreise, steuert die Fernbedienung seines TV-Gerätes und spielt Computerspiele. Der Fünfundzwanzigjährige sitzt im Rollstuhl, er ist vom Hals ab gelähmt. Auf dem Kopf trägt er eine kleine graue Steckdose, Platinschrauben verbinden sie mit dem Schädelknochen. Darunter, direkt auf der Hirnrinde, sitzt das eigentliche Wunder: ein Chip, der Matthews Gedankenkommandos aufnimmt und über Kabel an einen Computer weiterleitet.

Die amerikanische Firma Cyberkinetics hat die Technik gemeinsam mit Forschern der Brown University in Rhode Island entwickelt. Überall auf der Welt forschen Wissenschaftler an ganz neuen Schnittstellen zwischen Mensch und Maschine. Im Jahr 2007 steht die Entwicklung noch ganz am Anfang, doch der Traum der Hirnforscher ist klar: Sie wollen Menschen, die an schweren Lähmungen leiden, ihre Bewegungsfähigkeit zurückgeben. Professor John Donoghue, Projektleiter an der Brown University, ist optimistisch: »Für Patienten wie Matthew wird es intelligente Prothesen geben.«

Bis zum 1. Juli 2001 war der damals einundzwanzigjährige Matthew Nagle ein gefeierter Footballstar in seinem Heimatstädtchen an der amerikanischen Ostküste. Doch an diesem Abend geriet er auf der Straße in eine Schlägerei. Er weiß noch, dass jemand »Messer« brüllte, dann verlor er das Bewusstsein. Als er wieder aufwachte, lag er im Krankenhaus, war an ein Beatmungsgerät angeschlossen und konnte sich nicht mehr bewegen. Daran hat sich bis heute nichts geändert, trotzdem gibt Matthew sein Ziel nicht auf: »Ich will wieder laufen können.«

Nach Jahren der Bewegungslosigkeit und Langeweile entschloss sich der ehemalige Sportler deshalb, an dem aufsehenerregenden Experiment der Neurowissenschaftler von Rhode Island teilzunehmen. Jahrelang hatten die Forscher ihr System mit dem passenden Namen Braingate an Affen getestet. Schließlich konnten die Tiere einen Computer bedienen und sich mit einem künstlichen Arm Futter in den Mund stecken. Als die amerikanische Gesundheitsbehörde FDA daraufhin erste Tests am Menschen genehmigte, war Matthew Nagle der Erste, der in den Operationssaal geschoben wurde.

Der Chip in seinem Kopf ist etwa so groß wie ein Druckknopf. Er misst vier mal vier Millimeter, trägt rund einhundert ultrafeine Sensoren und leistet schier Unglaubliches. Im menschlichen Gehirn arbeiten über einhundert Milliarden Zellen. Sie verbinden sich zu Billionen von Synapsen – eine Zahl, größer als die der Sterne im Weltall. Forschungsteams in aller Welt versuchen zu entschlüsseln, wer im Hirn eigentlich den Ton angibt. Wie werden Denken, Fühlen und Handeln gesteuert? Das gehört zu den großen ungelösten Fragen der Wissenschaft. Und noch ist unklar, ob wir es jemals schaffen werden, diesen biologischen Supercomputer wirklich zu durchschauen.

»Wir haben uns bei Braingate auf einen ganz kleinen Ausschnitt beschränkt«, erklärt Professor Donoghue, »auf den sogenannten Motorcortex.« Dieser Teil der Hirnrinde steuert unsere willkürlichen Bewegungen. Für die Wissenschaftler haben die Nervenzellen im Motorcortex eine angenehme Eigenschaft: Häufig feuert hier eine Vielzahl von Neuronen im Takt, bevor der Mensch eine Bewegung ausführt, also zum Beispiel die Kaffeetasse zum Mund führt. Es genügt deshalb, eine kleine Auswahl von Zellen zu belauschen. »Wer bei einem Symphoniekonzert nur die Violinen und die Pauken hört, bekommt ja trotzdem mit, was gespielt wird«, erläutert Professor Donoghue. Trotzdem ist die Aufgabe noch kompliziert genug: Bis zu zehn Millionen Signale pro Sekunde prasseln auf den Chip ein. Der größte Teil davon ist belangloses Rauschen. Die Übersetzungssoftware im Computer muss erkennen, welche Signale bedeutungsvoll sind und was das Gehirn wohl gemeint haben könnte. Soll sich der Cursor zum Beispiel nach rechts bewegen oder nach links?

Der Chip ist noch längst nicht perfekt, doch für den Anfang funktioniert er erstaunlich gut. Drei Wochen nach der Operation ging Matthews Hirnimplantat zum ersten Mal auf Empfang, und bereits in den ersten Versuchen gelang es dem Patienten, einen Cursor über den Bildschirm zu bewegen. Mittlerweile öffnet Matthew selbständig Programme und liest seine E-Mails. Mit Hilfe eines Menüs wählt er Buchstaben aus und schreibt einfache Sätze. Fünfzehn Wörter schafft Matthew dabei pro Minute. Es gelingt ihm sogar, den Arm eines Roboters mit der Kraft seiner Gedanken zu bewegen.

Er muss sich dafür noch nicht einmal besonders konzentrieren. Während seine Gedanken den Cursor steuern, kann er den Kopf bewegen und mit seinem Nachbarn sprechen. »Das ist ein riesiger Fortschritt«, sagt Professor Donoghue, »doch noch stehen wir ganz am Anfang.« So gelingt es den Forschern zwar, das Gehirn zumindest rudimentär zu belauschen. Die umgekehrte Richtung jedoch – die Übermittlung von Informationen an das Gehirn – funktioniert bislang nicht. Die Neurochips im Jahr 2007 können lesen, zu schreiben ist ihnen noch unmöglich. »Die Neuroimplantate der nächsten Generation werden über beide Kanäle verfügen«, prophezeit jedoch Professor Henning Scheich, Direktor des Leibniz-Instituts für Neurobiologie in Magdeburg.

Das Feedback zum Gehirn ist entscheidend: Wenn Matthew z. B. mit einer künstlichen Hand nach einer Banane greift, muss er wissen, wie viel Kraft dazu nötig ist. Ohne die Kommunikation mit dem Gehirn hat die Roboterhand kein Gefühl. Sie könnte die Banane entweder fallen lassen oder aber zwischen den stählernen Fingern zerquetschen. Einschreibende Neuroprothesen funktionieren jedoch bisher nur in der Peripherie, nicht im Gehirn – zum Beispiel im Ohr oder im Auge. Eine künstliche Gehörschnecke, ein sogenanntes Cochleaimplantat, lässt Taube wieder hören. Ein Computerchip wandelt dabei aufgezeichnete Töne in elektrische Signale um. Die wiederum reizen über implantierte Elektroden in der Schnecke des Innenohrs den Hörnerv. Auch Netzhautimplantate für Blinde werden derzeit getestet. »Diese Systeme funktionieren jedoch nur, wenn die zugehörigen Hirnareale intakt geblieben sind«, erklärt Henning Scheich.

Bislang scheitern die Wissenschaftler an der Komplexität des Organs. Das Gehirn ist mehr als ein Computer. »Es bildet die Umwelt nicht ab wie ein passiver Empfänger«, sagt Professor Scheich, »sondern es interpretiert die eingehenden Reize ständig neu.« Emotionen und Erfahrungen färben unsere Sinneseindrücke. Aus diesem Grund können wir denselben Ton einmal als störenden Lärm wahrnehmen, ein anderes Mal jedoch als angenehmes Meeresrauschen. Einfache elektrische Reize haben im Gehirn deshalb nicht den gewünschten Erfolg. Elektroden in der Hörrinde lassen den Patienten allenfalls ein Rauschen oder Knacken vernehmen. Sprache und Musik entstehen auf diese Weise nicht. Doch in Zukunft sollen flexible Neuroprothesen auch dazu in der Lage sein. »Der Chip muss mit dem Gehirn eine fruchtbare Unterhaltung führen«, unterstreicht Scheich und fragt gleichzeitig nach den Grenzen der neuen Technologie: »Wann verändert ein Neurochip die Persönlichkeit eines Menschen?«

An der Universitätsklinik Köln zum Beispiel laufen derzeit Studien, bei denen Patienten mit Angsterkrankungen und Manien durch eine elektrische Stimulation ihres Gehirns behandelt werden. »Die ersten Ergebnisse sind vielversprechend«, versichert Professor Volker Sturm, Neurochirurg in Köln. Trotz aller Erfolge fürchten sich viele Menschen vor den neuen Möglichkeiten der Hirnforschung. Können Neurochips den Menschen in einen willenlosen Roboter verwandeln? Könnten gar Soldaten mit Elektroden im Gehirn bald als angstfreie Kampfmaschinen in den Krieg ziehen? Noch verhindert die ungeheure Komplexität des Organs, dass solche Szenarien Wirklichkeit werden. In fünfzig Jahren jedoch könnte es Ethikkommissionen geben, die sich ausschließlich mit den Chancen und Risiken der Hirnforschung beschäftigen. Es geht darum, die Schnittstelle zwischen Mensch und Maschine so zu konfigurieren, dass der Mensch die Kontrolle behält.

Schlankmacher und Wunderpillen – Über Ernährung

So etwas hat Alain schon lange nicht mehr gegessen. In unserer Filmfassung bringt ihm Marie ein ganz besonderes Stück Kuchen ins Krankenhaus – gebacken mit echter Butter und Sahne. Was heute völlig selbstverständlich ist, wird 2057 zur Rarität geworden sein. Nur Nostalgiker nehmen dann noch natürliche Lebensmittel zu sich. Neuartige Designer-Produkte werden die fetten Kalorienbomben verdrängt haben. Schon heute entwickeln Lebensmittelchemiker den Speiseplan von morgen. Am Zentrum für Ernährungswissenschaft im niederländischen Wageningen plant Professor Rob Hamer nichts Geringeres als die Revolution unserer Ernährung. »In Zukunft werden wir noch genauso herrliche Kuchen haben«, beruhigt er, »allerdings ohne Fett und ohne Zucker.« Gesund und lecker sollen die neuen Lebensmittel sein. Und eine solche Revolution ist auch dringend notwendig, denn rund die Hälfte der Menschen in den westlichen Industrieländern ist bereits übergewichtig oder fettleibig – Tendenz steigend! Zu viel Schokolade, Sahnetorte und Schweinebauch machen nicht nur dick, sondern auch krank. Stark übergewichtige Menschen sterben früher, und sie erkranken häufiger an den Leiden der Wohlstandsgesellschaft: Schlaganfall, Krebs und Herzinfarkt.

Gemeinsam mit zahlreichen anderen Forschern sucht Hamer nach einem Gegenmittel. Die Anforderungen sind hoch, denn die neuen Lebensmittel sollen satt machen, kalorienarm sein und trotzdem phantastisch schmecken. Die Light-Produkte, die derzeit noch auf dem Markt sind, wird man im Rückblick wohl eher als Flop bezeichnen. So leicht lässt sich unser Körper nicht täuschen. Wenn Fett und Kalorien fehlen, werden wir nicht satt und essen einfach mehr. Die Light-Welle ist nur einer von unzähligen Modetrends im Kühlschrank. Es klingt unglaublich, aber in einer Zeit, in der wir den Weltraum erkunden, wissen wir erstaunlich wenig über unsere Ernährung. Die Ratschläge für gesundes Essen sind genauso zahlreich wie wechselhaft. Waren gestern noch die Fette der Bösewicht, sind es heute die Kohlehydrate. Während Obst und Gemüse in der einen Studie helfen, Krebs zu vermeiden, zeigt sich in der anderen kein Effekt. Die Schwierigkeit liegt in der Natur der Sache: Wir essen das, worauf wir gerade Lust haben. Kaum jemand ist bereit, auf Dauer jeden Bissen zu protokollieren oder sich – im Dienst der Forschung – wechselnden Ernährungsexperimenten zu unterwerfen.

In Wageningen widmet sich Professor Hamer zunächst unserem Gaumen: Er will herausbekommen, was uns am besten schmeckt. Welche Stoffe müssen er und seine Kollegen zusammenrühren, damit wir gerne zugreifen? Den Anstoß für diese Frage bekam er in der heimischen Küche. Auf der ganzen Welt machen Eltern dieselben Erfahrungen: Ihre Kinder verabscheuen gekochtes Gemüse. Beim Füttern spielen sich regelmäßig dieselben Dramen ab. Der Gemüsebrei landete überall, nur nicht im Magen der Kleinen. Eines Tages jedoch benutzte Hamer zum Kochen einen Wok. Und plötzlich aßen die Kinder das Gemüse. Auch roh knabberten sie Karotten und Kohlrabi mit Vergnügen. Die Kinder verabscheuen also nicht das Gemüse an sich. »Das Problem ist die Konsistenz«, erklärt der Professor. Im Wok bleiben Brokkoli, Blumenkohl und Co. knackiger. »Offenbar haben Kinder instinktiv ein Gespür dafür, dass knackige Lebensmittel gut und gesund sind.«

Die Konsistenz von Lebensmitteln wurde das Spezialgebiet von Rob Hamer. In langen Testreihen untersucht er, wie sie den Geschmack beeinflusst. Heute steht Joghurt auf dem Programm. Nachdem die Probanden auf einem speziellen Messstuhl Platz genommen haben, dürfen sie probieren: einen Löffel aus jedem Töpfchen. Per Mausklick bewerten sie anschließend den Geschmack. Nach unzähligen Durchgängen steht das erstaunliche Ergebnis fest: Der Joghurt kann süß oder salzig schmecken, sauer oder bitter. All das ist nicht entscheidend: Hauptsache, er ist cremig. Je cremiger ein Produkt, desto besser schmeckt es den Probanden. Offenbar ist die Konsistenz wichtiger, als die Forscher bisher dachten. Denn was für »cremig« gilt, trifft auch auf »knackig« zu. Kartoffelchips zum Beispiel schnitten am besten ab, wenn sie knusprig und knackig waren.

Bei der Auswertung verließen sich die Forscher nicht ausschließlich auf den subjektiven Geschmack der Versuchspersonen. Sie wollten auch wissen, wie der Körper die Lebensmittel bewertet. Bevor die Probanden ihren Joghurt löffeln durften, wurden sie deshalb verkabelt. Instinktiv reagiert unser Körper auf das, was wir essen – ob wir wollen oder nicht. Das Ergebnis ist eindeutig: Bei den weniger cremigen Proben zeigen die Probanden Stresssymptome: Das Muskelzittern nimmt zu. Der Herzschlag erhöht sich, die Pupillen weiten sich. Bei den sehr cremigen Proben dagegen beruhigt sich der Körper wieder. Hamer vermutet hinter diesen Vorlieben eine Art »Sicherheitseinstellung des Körpers«. Cremig steht für fettig, und im Fett steckt jede Menge lebensnotwendige Energie. Das bekommen wir sozusagen mit der Muttermilch eingetrichtert. Knackig und knusprig übersetzt der Körper in frisch und genießbar. »Auf solche Lebensmittel reagieren wir mit einem großen Wohlgefühl«, sagt der Professor. Erst wenn sich dieses Gefühl einstellt, fühlen wir uns satt und hören auf zu essen.

Im nächsten Schritt wollen die Ernährungswissenschaftler diese Erkenntnisse anwenden, um unser Essen leichter zu machen, ohne jedoch die Konsistenz zu verändern. Einen ersten Durchbruch haben die Forscher in Wageningen bereits erzielt: Mit einer speziellen Substanz können sie bis zu 70 Prozent Fett aus einem Produkt ziehen. Die Kalorien schwinden, die Cremigkeit bleibt. Noch darf Professor Hamer den Namen der Substanz nicht verraten, aber in der Lebensmittelbranche wird die Entwicklung als Sensation gehandelt. Das neue Wundermittel hat jedoch einen Haken: Es lässt sich nicht bei allen Produkten anwenden. Hamers Ziel ist es daher, Hunderte von spezifischen Substanzen zu entwickeln. Die Lebensmittel der Zukunft werden genau auf den Bedarf zugeschnitten. Für Kinder und Alte, für Frauen und Männer, für Afrikaner, Europäer und Asiaten wird es »maßgeschneiderte« Lebensmittel geben. Denn unsere Ansprüche ändern sich mit dem Alter, und auch die Gene bestimmen, was uns bekommt und was nicht.

Das Paradebeispiel dafür ist der Milchzucker Laktose. Bei vielen Afrikanern und Asiaten löst Milch Übelkeit und Durchfall aus. In Europa jedoch hat sich nach jahrtausendelanger Milchviehhaltung ein Gen durchgesetzt, das dafür sorgt, dass wir auch als Erwachsene noch Laktose verdauen können. Traditionell ernähren sich die Völker der Welt äußerst unterschiedlich. Die Globalisierung unseres Speiseplans ist ein junges Phänomen, das durch den Siegeszug der großen Fast-Food-Ketten allerdings zügig vorangetrieben wird. Die sogenannte Nutrigenomik untersucht das Zusammenspiel zwischen Genen und Ernährung. Noch steckt die Forschungsrichtung in den Kinderschuhen. In fünfzig Jahren jedoch könnte es individuelle Ernährungspläne geben – angepasst an das eigene Genprofil.

Klaas Westerterp, Professor für Humanbiologie an der Universität Maastricht, arbeitet daran, dass diese Vision wahr wird. Er will herausfinden, warum der eine Mensch sein Leben lang schlemmen kann und dabei schlank bleibt, während sein Nachbar bei gleicher Kost immer runder wird. Liegt die Antwort in den Genen? An der ersten Versuchsreihe nehmen vierzehn Probanden teil. Eine Woche lang werden sie eingesperrt – ein Hochsicherheitstrakt ist nichts dagegen. Jeder Atemzug wird kontrolliert. Kein Lufthauch gelangt unbemerkt in die Zelle. So können die Forscher später genau berechnen, wie viel Energie ihre Probanden verbraucht haben.

Eine der Versuchspersonen ist Peter. Bevor der schlanke junge Mann in seine Zelle darf, bestimmen die Forscher den Fettgehalt seines Körpers und nehmen eine Gewebeprobe. Sie interessieren sich für ein ganz spezielles Gen: PPAR-Gamma spielt eine wichtige Rolle beim Fettaufbau. Zu Beginn des Versuchs hat Peter nur 17 Prozent Körperfett. Die Aktivität von PPAR-Gamma ist bei ihm relativ hoch. Jetzt fällt die dicke eiserne Tür hinter Peter ins Schloss. In seiner winzigen Zelle stehen Bett, Klo und Fernseher – das ist die gesamte Ausstattung. Durch eine Luke wird Peter – genau wie die anderen Probanden – mit Essen versorgt. Jeden Tag serviert ihm Professor Westerterp genau 50 Prozent mehr Kalorien, als er verbraucht. Was Peter damit macht, bleibt ihm überlassen. Er kann die Mahlzeit aufessen oder stehenlassen.

Nach sieben Tagen dürfen Peter und die anderen Probanden ihre Zelle wieder verlassen. Wer hat wie viel zugenommen? Und besteht irgendein Zusammenhang zwischen Zunahme und dem Fetterspeicher-Gen PPAR-Gamma? Am Ende des Versuchs ist Peter genauso schlank wie zuvor. Er hat nur 300 Gramm zugelegt, bei anderen Probanden schlägt die kalorienreiche Kost allerdings mit einem Plus von drei Kilo zu Buche. Woher kommen diese Unterschiede? PPAR-Gamma liefert zunächst keine Erklärung. Zumindest die Aktivität zu Beginn der Untersuchungen hatte keinen Einfluss drauf, wie viel eine Person zunahm – eine Enttäuschung für die Forscher. Dann jedoch testen sie die Genaktivität nach dem Ende der siebentägigen Einzelhaft. Und tatsächlich haben sich die Werte bei allen Probanden verändert – jedoch unterschiedlich stark. Die Personen, bei denen die Aktivität des Gens stark anstieg, aßen fast immer alles auf. Das angekurbelte PPAR-Gamma-Gen sorgte dafür, dass die zusätzliche Energie effektiv in Fett umgewandelt wurde. Folglich nahmen die Testpersonen zu. Bei Personen wie Peter dagegen hat sich die Aktivität von PPAR-Gamma kaum verändert. Sein Körper wandelt die zusätzlichen Kalorien nur in geringem Maße in Fett um. Ob ein Mensch dick wird oder nicht, hängt also auch von den Genen ab. Der Weg von dieser Erkenntnis zur Wunderpille für eine schlanke Linie ist noch weit. Doch in den Labors der Lebensmittelindustrie wird intensiv daran geforscht. Es winkt ein riesiger Markt mit enormen Absatzchancen.

Eins plus eins ergibt drei – Robotik im OP

Die Idee kam – wie so oft – vom Militär. Soldaten, die im Krieg verwundet wurden, sollten per Fernsteuerung operiert werden – von Chirurgen, die fernab der Front in sicherer Umgebung ihren Dienst tun könnten. Mitte der achtziger Jahre startete die US-Regierung ein entsprechendes Forschungsprogramm. Den Operationssaal der Zukunft stellte man sich damals vor wie eine sterile vollautomatische Fabrikhalle. Menschen kämen hier nur noch in der Rolle des Patienten vor. Die gesamte Arbeit würden Roboter erledigen. Die ersten Kinder des amerikanischen Forschungsprojekts kamen Ende der neunziger Jahre auf den Markt: Zeus und da-Vinci wurden sie getauft.

Heute ist von der damaligen Vision nicht viel übriggeblieben. »Der Roboter kann den Menschen nicht ersetzen«, betont Doktor Oliver Burgert, Ingenieur am Leipziger Innovationszentrum für Computergestützte Chirurgie (ICCAS). »Er kann jedoch perfekt mit ihm zusammenarbeiten.« Am ICCAS arbeitet ein Team aus Informatikern, Ingenieuren und Medizinern daran, Robotersysteme wie da-Vinci fit zu machen für die Zukunft.

Ein Meilenstein für die Robotik im OP war der 25. Mai 1998: Zum ersten Mal führte Professor Friedrich-Wilhelm Mohr in Leipzig eine minimal-invasive Bypass-Operation mit Hilfe eines da-Vinci-Roboters aus. Für den Patienten bedeutet die sogenannte Schlüssellochchirurgie eine enorme Entlastung, denn bei der herkömmlichen Operationsmethode muss das Brustbein aufgesägt werden, um großflächig am Herzen operieren zu können. Dank der neuen Methode erholen sich die Patienten schneller und können die Klinik früher wieder verlassen. Roboter perfektionieren die minimal-invasive Technik durch eine Präzision, die mit der menschlichen Hand allein nicht erreichbar ist.

»Der Mensch kann viel, was Computer und Roboter nie werden leisten können«, sagt Burgert. Vor allem bei Komplikationen sei der Mensch gefordert. »Roboter können nicht improvisieren«, so Burgert, »doch auch die Maschine hat Vorteile: sie ist unermüdlich, hochspezialisiert und präzise.« Bei einer Gehirnoperation zum Beispiel entscheidet oft weniger als ein halber Millimeter darüber, ob das Sprachzentrum intakt bleibt oder ob der Patient gravierende Schäden davonträgt. Bei OP-Zielen, die kleiner als ein Millimeter sind, liegt die Trefferquote des Menschen nur noch bei durchschnittlich 30 Prozent. In diesen Fällen ist die Maschine eindeutig überlegen.

»Unser Ziel ist eine möglichst optimale Kommunikation zwischen Mensch und Maschine«, sagt Doktor Burgert. Ein Ansatzpunkt für die Ingenieure sind die Hände des Chirurgen. Wie kann man ihre Präzision erhöhen? Gefordert ist ein wahrer Spagat: Der Roboter soll die Finger des Operateurs führen und ihnen gleichzeitig ihre Bewegungsfreiheit lassen. »Ein Chirurg arbeitet künstlerisch und kreativ«, erläutert der Mathematiker Doktor Werner Korb, »die Maschine darf ihn nicht blockieren.« Die zündende Idee ist einfach und revolutionär zugleich. Sie erlaubt eine Symbiose zwischen Hand, Instrument und den virtuellen Bildern aus dem Körper des Patienten.

Dafür entwickelt das Team am ICCAS ein weltweit einzigartiges System. Ein Bauelement, das in der Hauptsache aus drei Kugeln besteht, die Infrarotlicht reflektieren, wird am chirurgischen Instrument angebracht. Zum Einsatz kommt dieses System momentan nur im Test-OP der Leipziger Uniklinik. Hier stellt Werner Korb zwei Stereokameras auf, die mit Hilfe des reflektierten Infrarotlichtes die genaue Position der Instrumente im Gehirn bestimmen können. Die Bilder der Kamera sollen später auf einem Computermonitor im Operationssaal zu sehen sein. Als Patientenmodell benutzt Korb einen originalgetreu nachgebildeten Kopf. Auch hier befestigt der Ingenieur das Infrarotsystem. Jetzt müssen Instrumente und der Kopf des Patienten auf dem Monitor auftauchen. Nach einer kurzen Einmessphase hat das System beides erkannt.

Im nächsten Schritt bringt Korb die Computertomografie-Bilder, die er zuvor angefertigt hat, mit dem Modell in Übereinstimmung. Mit der Maus markiert er drei Referenzpunkte und den Tumor, den er gleich entfernen will. Den Rest erledigt das System vollautomatisch. Der OP-Bereich färbt sich blau. Wenn sich der Patient während des Eingriffs bewegt, rechnet die Software das sofort mit ein. »Das Ganze funktioniert ähnlich wie ein GPS im Auto«, erklärt Werner Korb, »die CT-Bilder entsprechen dabei der Landkarte, auf der sich der Operateur bewegt.« Und auch über eine Art ABS verfügt das System: Sobald der Operateur mit seinen Instrumenten den blauen Bereich verlässt, schaltet sich das Gerät vollautomatisch ab. Fehler werden so verhindert. Die Erprobung ist noch nicht abgeschlossen, doch das System arbeitet bereits hoch präzise.

Ein sogenannter Telemanipulator soll die Technik weiter verbessern. Während der Operation steht der Chirurg nicht mehr neben dem Patienten. Stattdessen sitzt er vor einer Konsole und steuert von dort aus zwei extrem bewegliche Arme. Sie werden durch Öffnungen von der Größe einer Cent-Münze in den Körper eingeführt. Die Instrumente am Ende der Arme sind um 360° drehbar und damit wesentlich beweglicher als in der menschlichen Hand. Ein dritter Roboterarm führt das Endoskop mit der Kamera. Der Chirurg steuert sie per Fußpedal oder durch Sprachbefehle. Das Geschehen im Körper kann er so auf einem großen Monitor verfolgen – in dreidimensionaler Darstellung.

Sollte der Arzt bei einer stundenlangen Operation zittrige Hände bekommen, glättet ein Tremorfilter seine Bewegungen. Der Roboter arbeitet ruhig und präzise weiter. Und noch einen Vorteil hat der Telemanipulator: Die Bewegungen des Chirurgen können skaliert werden. Der Computer verkleinert sie um einen bestimmten Faktor. Rückt der Arzt seine Hand zum Beispiel einen Zentimeter weit nach links, bewegt sich das OP-Instrument nur einen Millimeter weit – eine Genauigkeit, die der Mensch allein nicht erreichen kann.

Was dem Operateur an der Steuerkonsole heute noch fehlt, ist der Tastsinn. »Technisch ist das eines der schwierigsten Probleme«, bestätigt Doktor Burgert. Bei einer klassischen Operation spürt der Chirurg das Gewebe zwischen den Fingern. Je nach Alter, Erkrankung und Lebensweise fühlt sich das bei jedem Patienten ein bisschen anders an – eine wichtige Zusatzinformation für den erfahrenen Operateur. Am Deutschen Institut für Luft- und Raumfahrt in Oberpfaffenhofen wollen Wissenschaftler den empfindsamen Roboter entwickeln. Das Institut von Professor Gerd Hirzinger hat sich auf die sogenannte Softrobotik spezialisiert. Die Forscher haben den Kinemedic entwickelt, einen Roboterarm, der spürt, wenn er berührt wird. »Jetzt wollen wir dieses Gefühl auch dem Chirurgen übermitteln«, erklärt Hirzinger. Eine Möglichkeit besteht darin, die Berührung in visuelle Information umzuwandeln und auf einem Monitor darzustellen. Der Chirurg sieht dann das, was der Roboter fühlt. »Optimal wäre es natürlich, wenn wir dem Operateur das Gefühl in die Hand geben könnten«, sagt Professor Hirzinger. In einigen Jahren soll es soweit sein.

Das große Ziel der Softrobotiker ist die Operation am bewegten Herzen. Bei heutigen Herzoperationen wird der Patient an eine Herz-Lungen-Maschine angeschlossen, um das Organ stillzulegen – ein komplizierter und belastender Eingriff. Die Idee der Forscher ist ein sensibler Kameraarm, der die Bewegung des Herzens spürt und im perfekten Gleichklang mitschwingt. »Der Chirurg sieht dann auf seinem Monitor ein stehendes Bild«, erklärt Professor Hirzinger. »Er operiert genau so, wie er es sonst auch getan hat.« Ohne dass der Chirurg davon etwas wahrnimmt, bewegen sich auch die Operationsinstrumente im Takt des Herzens. Im Simulator funktioniert die Technik bereits. Bis die ersten Patienten jedoch am schlagenden Herzen operiert werden können, werden noch einige Jahre vergehen.

Der Roboter wird den Menschen nicht aus dem Operationssaal verdrängen – darüber sind sich die Experten heute einig. »Eins plus eins ergibt drei«, sagt Werner Korb. Durch eine ganz neue und reibungslose Zusammenarbeit zwischen Mensch und Maschine werden in fünfzig Jahren jedoch Operationen möglich sein, die heute kaum vorstellbar sind.

Die Suche nach dem Methusalem-Gen – Werden wir unsterblich?

Stefan Schreiber sammelt Hundertjährige. Der Medizinprofessor hat es auf ihr Blut abgesehen, denn aus den Blutzellen lässt sich Erbmaterial isolieren. Fast dreitausend DNA-Proben von Hochbetagten lagern bereits in den Gefriertruhen des Instituts für Klinische Molekularbiologie der Universität Kiel. In Deutschland ist diese Biobank einzigartig, und auch weltweit gehört sie zu den größten ihrer Art. Mit ihrer Hilfe wollen die Kieler Altersforscher herausfinden, was das Geheimnis der Hundertjährigen ausmacht. Wieso werden manche Menschen uralt und bleiben dennoch gesund und aktiv?

Altersforscher und Demografen haben ein paar erstaunliche Trends ausgemacht: Die ersten Babymonate gehören zu den riskantesten Lebensphasen überhaupt. Haben wir das erste Jahr überstanden, sinkt die Sterberate drastisch. Erst mit zweiundfünfzig Jahren ist das Risiko, den nächsten Geburtstag nicht zu erleben, wieder so hoch wie im ersten Lebensjahr. Je älter wir dann werden, umso größer wird die Wahrscheinlichkeit zu sterben. Erstaunlicherweise jedoch gibt es jenseits der fünfundachtzig wieder einen deutlichen Knick: Die Mortalitätsrate steigt langsamer als in den Jahren zuvor.

Selbst Hundertjährige haben im Schnitt noch zwei Lebensjahre vor sich. Überdurchschnittlich viele Menschen sind in diesem Alter erstaunlich fit. Frauen wie Jeanne Calment bilden allerdings auch unter den Hundertjährigen die große Ausnahme. Die Französin hält bisher den zweifelsfrei dokumentierten Altersrekord: Sie wurde hundertzweiundzwanzig Jahre alt. Mit Hundert fuhr sie noch Fahrrad, das Rauchen gab sie erst mit Hundertneunzehn auf.

Liegt der Schlüssel zum gesunden Altern in den Genen? Die Kieler Forscher sind davon überzeugt. In den Labors des Instituts scannen Roboter die DNA der Probanden. Die Gene der Hundertjährigen werden mit dem Erbgut einer jüngeren Kontrollgruppe verglichen. Der Roboterarm fährt vor und zurück. Vollautomatisch pipettiert er Lösungen auf die DNA-Proben und bereitet die Analyse vor. Die Ergebnisse landen direkt im Computer der Altersforscher. Das Methusalem-Gen haben die Wissenschaftler bisher noch nicht gefunden, allerdings gibt es einige heiße Kandidaten.

Zum Beispiel daf-2. Anfang der neunziger Jahre experimentierte die Genetikerin

Cynthia Kenyon an der University of California in San Francisco mit dem Fadenwurm Caenorhabditis elegans. Sie fand heraus, dass Würmer mit einem mutierten daf-2-Gen doppelt so alt werden wie ihre Artgenossen: Statt zwei Wochen leben die Superwürmer ganze vier. Ein einziges Gen kann die Lebensdauer verdoppeln – die Entdeckung war eine Sensation. Denn bis dahin glaubte man, dass der menschliche Körper auf ähnliche Weise altert wie ein Auto: nach und nach werden immer mehr Teile alt und rostig. Und irgendwann lohnt das ständige Reparieren nicht mehr. Seit der Entdeckung von Cynthia Kenyon ist jedoch klar: Zumindest beim Fadenwurm scheint es eine Art zentralen Schalter für das Altern zu geben. Die Wunderpille für ein langes Leben rückt in greifbare Nähe.

Was daf-2 besonders interessant macht, ist die Tatsache, dass das Gen auch beim Menschen vorkommt. »Daf-2 könnte bei Mensch und Wurm ähnliche Aufgaben haben«, vermutet die Kieler Molekulargenetikerin Almut Nebel. ApoE heißt ein zweites vielversprechendes Gen. Die sogenannte e4-Variante des Gens erhöht das Risiko, typische Alterserkrankungen zu bekommen, die e2-Variante dagegen senkt es. Und tatsächlich besitzen Hundertjährige viel häufiger die e2-Form. »Uns geht es nicht um Unsterblichkeit«, sagt Nebel, »aber wir hoffen Genvarianten zu finden, die ein gesundes Altern ermöglichen.« Bisher haben die Forscher erst einen Bruchteil des menschlichen Genoms gescannt. Bis die $3x10^9$ Basenpaare des menschlichen Genoms getestet sind, werden noch etliche Jahre vergehen.

Steven Austad, Zoologe an der Universität von Texas, geht einen ganz anderen Weg, um das Rätsel des Alterns zu entschlüsseln. Er bezweifelt, dass »tierische Eintagsfliegen« wie Caenorhabditis elegans die entscheidenden Antworten geben können. Viel interessanter findet Austad die Methusaleme im Tierreich. Was lässt zum Beispiel Wale und Schildkröten über zweihundert Jahre alt werden? Wieso scheinen manche Seeschwalben überhaupt nicht zu altern? Und weshalb können sich Tiefseeschwämme noch im Alter von tausend Jahren fortpflanzen?

Im San Antonio Barshop Institute for Longevity and Aging Studies, einem neugegründeten Zentrum für Gerontologie, will Austad genau das herausfinden. Seine ersten Versuche jedoch führt auch er nicht mit den Rekordhaltern unter den Tieren durch, sondern mit Nacktmullen und Mäusen. Die beiden sind eng verwandt. Während die Maus jedoch bereits mit zwei Jahren das Zeitliche segnet, kann der Nacktmull achtundzwanzig Jahre alt werden – älter als jedes andere Nagetier.

Die »Kometenprüfung« soll helfen, das Geheimnis der Methusalem-Nager zu entschlüsseln. Die Zoologen unterziehen dazu spezielle Hautzellen der beiden Tierarten einem Test. Die Fibroblasten müssen eine wahre Rosskur über sich ergehen lassen: Sie werden mit Gammastrahlen beschossen und dem Zellgift Wasserstoffperoxyd ausgesetzt. Für viele Zellen ist das eine tödliche Behandlung. Sie flüchten in den kontrollierten Selbstmord: Enzyme durchlöchern die Zellmembran, so dass der gesamte Inhalt wie bei einer Explosion hinausfliegt. Die Zellen ziehen dann eine schimmernde Schleppe hinter sich her. Unter dem Mikroskop ist dieser Kometenschweif deutlich zu erkennen.

Je länger er ist, desto schlechter steht es um die Zelle. Ein kümmerlicher Schweif ist dagegen ein gutes Zeichen: Die Zelle hat ihr Reparaturprogramm gestartet und flickt die Verletzungen. Unzählige Stunden haben die Forscher Zellen bestrahlt, die Länge der Kometenschweife vermessen und verglichen. Und tatsächlich bestätigen die ersten Ergebnisse den Verdacht: Die Hautzellen des Nacktmulls verkraften die Rosskur weit besser als die der Mäuse. Jetzt versucht das Team von Steven Austad, herauszufinden, welchen Genen und Proteinen die Tiere ihre bessere Widerstandsfähigkeit zu verdanken haben. Im nächsten Schritt könnte man daraus Medikamente entwickeln, die – wenn alles läuft wie geplant – das Leben verlängern.

Doch eins ist klar: Nur ein Teil des Rätsels liegt in den Genen. Zu etwa einem Drittel bestimmen sie unsere Lebenserwartung. Den Rest haben wir selbst in der Hand. Schon Goethe soll sich durch zwei Äpfel pro Tag bis ins hohe Alter gesund gehalten haben. Wer jedoch fit und munter seinen einhundertsten Geburtstag feiern will, muss etwas mehr tun. Die Frage ist nur, was. Antworten suchen die Altersforscher derzeit auf zwei Inseln: Auf Okinawa und Sardinien leben überdurchschnittlich viele Menschen, die mehr als einhundert Jahre alt wurden.

Ein Team aus amerikanischen und japanischen Forschern hat in den letzten Jahren über siebenhundert der uralten Insulaner untersucht und interviewt. Die Besonderheit scheint nicht in den Genen, sondern im Lebensstil zu liegen. Die Forscher fanden viele positive Faktoren – ein sozial aktives Leben, eine gesunde Ernährung mit viel Gemüse und Fisch. Doch sie stellten auch fest, dass viele der Insulaner während ihres gesamten Lebens leicht unterernährt waren. Könnte Hunger der Schlüssel zu einem gesunden Leben sein? Untersuchungen an Tieren scheinen den Verdacht zu bestätigen. Zumindest Würmer, Fruchtfliegen und Ratten leben länger, wenn man sie auf eine extrem kalorienarme Diät setzt. Ein Test mit Rhesusaffen brachte bisher keine eindeutigen Ergebnisse. Wie die Situation beim Menschen aussieht, ist unter den Altersforschern umstritten. Ein Test ist hier unmöglich, denn wer wollte schon sein ganzes Leben lang freiwillig hungern, um dann – vielleicht – einhundert Jahre alt zu werden?

Ohnehin werden in Zukunft immer mehr Menschen ihren einhundertsten Geburtstag erreichen. Seit 1840 steigt die Lebenserwartung der Menschheit jedes Jahr um drei Monate. »Ein Ende ist nicht in Sicht«, so der Rostocker Demograf James Vaupel. Die Lebenserwartung wird im Jahr 2057 ohnehin bei fast hundert Jahren liegen – ganz ohne Anti-Aging-Therapie und Wunderpille. Dazu kommen die neuen Möglichkeiten, »maßgeschneiderte« Ersatzteile für den menschlichen Körper herzustellen. Ein angegriffenes Herz, eine geschädigte Leber werden in Zukunft einfach ausgetauscht. Eine Lebenserwartung von hundertfünfzig Jahren und mehr rückt in greifbare Nähe. Die Frage ist nur, ob wir überhaupt so alt werden wollen. Demografen der Uni Erlangen haben älteren Menschen diese Frage gestellt und eine erstaunliche Antwort bekommen: Die überwiegende Mehrheit wünschte sich, sechsundachtzig Jahre alt zu werden. Selbst wenn den Befragten zuvor ganz neue medizinische Möglichkeiten für ein gesundes Altern in Aussicht gestellt wurden, blieb die Antwort gleich. Mit der Lebenszeit scheint es sich genauso zu verhalten wie mit allen anderen Dingen auch – sie verliert an Wert, wenn sie unbegrenzt vorhanden ist.

Teil II
Die Stadt

Stadt der Gedanken

Paul

Paul sprang von einem Bein aufs andere, wobei er sorgfältig darauf achtete, immer exakt die Mitte der Gehwegplatten zu treffen. Neben ihm schoss der schlanke blaue Körper seines Holofin aus dem Asphalt, als sei es die Meeresoberfläche. Er beschrieb einen glitzernden Bogen und tauchte mit einem vernehmlichen Platschen in der nächsten Gehwegplatte unter, wobei er genau dem Rhythmus von Pauls Sprüngen folgte.

Nicht mal der Holofin konnte Pauls gute Laune trüben: Bald konnte er diese dämlichen Schulklamotten ausziehen und in seinen Motion-Capture-Overall schlüpfen. Dann würde er sich mit seinem neuen Freund Sharky in Gnorz, seiner Lieblingsrealität, treffen und jede Menge Spaß haben.

Gnorz war eine virtuelle Fantasy-Welt, in der Paul einen Lichtmagier namens Drantor spielte. Sharkys Spielfigur war ein Familiar, ein freundlicher Geist, der seine Gestalt verändern konnte. Meistens nahm Sharky, seinem Namen entsprechend, die Form eines roten Hais an, der durch die Luft flog und zum Spaß nach anderen Spielern schnappte. Paul hatte Sharky im richtigen Leben noch nicht kennengelernt, aber in Gnorz waren sie ein gutes Team. Gestern hatte Paul mit seiner Hilfe einen höheren Level erreicht und freute sich darauf, die neuen Zaubersprüche auszuprobieren, die ihm jetzt zur Verfügung standen.

Er warf einen schiefen Blick auf den Delfin. Er mochte es nicht, dass das Hologramm ihn auf Schritt und Tritt begleitete, als sei er ein Sechsjähriger und könne sich nicht allein in der Stadt zurechtfinden. Als Polizistin war seine Mutter eben ein bisschen übervorsichtig. Aber warum hatte sie ihm ausgerechnet einen Delfin aussuchen müssen? Das war doch eindeutig ein Mädchen-Holo! Der Fin machte ihn zum Gespött seiner Klassenkameraden mit ihren Orks, Daurogs und Schleimkriechern.

Immerhin war der Holofin ein ziemlich teures Modell mit einer recht ausgereiften Künstlichen Intelligenz, und manchmal ertappte sich Paul dabei, dass er ihn sogar niedlich fand. Er blieb stehen und grinste. Der Holofin verharrte ebenfalls auf der Stelle, stieß sein Delfinkichern aus und blickte ihn erwartungsvoll an.

»Erster am Hotdog-Stand!«, sagte Paul. »Achtung, fertig ...« Er rannte los. Wie üblich dauerte es zwei Sekunden, bis der Holofin bemerkte, dass er hereingelegt worden war. Dann jagte er in langen Sprüngen hinter Paul her. Der Mikrokopter, der den Projektionslaser trug, folgte mit einem wütenden Summen – eine flache runde Scheibe wie ein Mini-Frisbee, etwa eine Daumenlänge im Durchmesser. Er war ziemlich schnell, aber vielleicht reichte der Vorsprung aus.
Lachend rannte Paul durch eine Unterführung. Zwei Hunderter blockierten den Fußweg. Er musste sich an ihnen vorbeidrängeln, was ihn wertvolle Sekunden kostete. Die beiden warfen ihm böse Blicke nach und brummelten irgendwas. Mit ihren künstlichen Muskeln und Knochen, die ihre müden Körper durch die Stadt schleppten, hatten sie immer eine Heidenangst davor, umzufallen.
Natürlich schoss der Delfin einfach durch sie hindurch. »Schummler!«, rief Paul, als er außer Atem den Hotdog-Stand erreichte. Der Holofin zwitscherte triumphierend, als freute er sich wirklich, gewonnen zu haben.
»Wie immer!«, sagte Paul zu Jakob, dem Hotdog-Verkäufer. Sein klappriger Stand sah aus wie aus dem letzten Jahrhundert, und die Planktonwürstchen schmeckten immer ein bisschen pappig, aber Paul kaufte sie trotzdem lieber hier als am Automaten zwei Straßen weiter. Jakob konnte warmherzig lächeln, ein wenig schief, wie es eben nur Menschen können. Manchmal erzählte er Geschichten aus der Zeit, als er so alt war wie Paul jetzt. Damals hatte es noch keine Hotdog-Automaten gegeben, und die Würstchen waren angeblich aus Schweinefleisch gemacht worden. Eklig.
»Aber sicher, Paul!«, sagte Jakob. Er zog ein heißes Würstchen aus dem Wasserkessel, legte es zwischen die Brötchenhälften und fügte süßen Senf, getrocknete Zwiebeln und Himbeerketchup hinzu. »Willst du es gleich essen?«
Ein zweistimmiges Zwitschern ließ Paul herumfahren. Neben seinem Holofin streckte ein identisches Hologramm seinen Delfinkopf aus dem Asphalt – nur war dieser Holofin rosa. Paul sah auf. War ja klar: Der rosa Fin gehörte einem etwa zehnjährigen Mädchen mit dunklem, geflochtenem Haar, das von seiner Mutter an dem Hotdog-Stand vorbeigezerrt wurde. Er hatte sie noch nie gesehen, also konnte sie nicht aus diesem Stadtbezirk sein. Oder war sie gerade zugezogen? Wäre nicht schlecht, dachte Paul, wenn unter all den Hundertern ein neues

Kind herumlief, selbst wenn es nur ein Mädchen war. Jakob hatte ihm erzählt, dass es früher viel mehr Kinder gegeben hatte als heute. Die Leute werden immer älter, pflegte er zu sagen. Und alte Leute mögen keine Hotdogs.
Das Mädchen lächelte ihm zu, und bevor er es verhindern konnte, hatte er zurückgelächelt. Zum Glück war niemand in der Nähe, den er kannte.
Leicht irritiert, wandte er sich wieder Jakob zu. »Nein, zum Mitnehmen bitte.«
Jakob wickelte das Hotdog in Papier und reichte es Paul, der es in die Tasche steckte und seinen Finger auf das Bezahlfeld legte. Er winkte Jakob zum Abschied und setzte seinen Weg nach Hause fort.
Ein Hologramm erschien vor ihm auf dem Gehweg. Eine Gruppe von Hundertern grinste blöde vor einer riesigen Mondkugel. »Erfüllen Sie sich Ihren persönlichen Menschheitstraum«, sagte eine Stimme, die von nirgendwo herzukommen schien. »Die perfekte Geschenkidee zum Hundertsten: Eine Geburtstagsparty auf dem Mond! Informieren Sie sich jetzt! Sagen Sie Onehundredplus Space Travel!«
»Du kannst mich mal!«, sagte Paul.
»Ihre Anfrage konnte nicht interpretiert werden«, sagte die Stimme. »Bitte wiederholen Sie die Frage, oder sagen Sie Onehundredplus Space Travel für mehr Informationen!«
Paul ignorierte das Hologramm und setzte seinen Weg fort. Wieso sie immer noch genug Energie für solche schwachsinnigen Werbehologramme hatten, war ihm schleierhaft. Ganz zu schweigen davon, wie viel Energie es kostete, einen Hunderter den Spacelift heraufzuschleppen und von der Kopfstation zum Mond zu schießen. Es war irgendwie idiotisch, dass den Leuten in der Vorstadt nach zweiundzwanzig Uhr der Strom abgedreht wurde, während man in den besseren Stadtvierteln weiterhin die Energie für Werbung verpulverte. Vielleicht sollten sie endlich mal eine Künstliche Intelligenz an die Regierung lassen, wie es die Fortschrittspartei seit langem forderte.
Paul erreichte das uralte Backsteinhaus, das zwischen zwei altmodische Glastürme eingezwängt war. Als er die paar Stufen zum Eingang hinaufsprang, öffnete sich die Tür, und seine Mutter kam ihm entgegen. Ihre finstere Miene hellte sich etwas auf, als sie ihn sah.
»Hi, Baby. Schon zurück?«

Er grinste. »Kunst ist ausgefallen. Die Van-Gogh-KI war mal wieder depressiv und hat sich geweigert, was anderes zu malen als leere schwarze Flächen.« Er dachte an das Gesicht, das sie gerade gemacht hatte. »Was ist denn los? Dicke Luft?«

»Ach, nichts. Ich hab nur langsam die Nase voll davon, dass dein blöder Großvater ... ist ja auch egal. Ich muss los!« Sie umarmte ihn. Paul wünschte sich, sie würde das nicht hier draußen tun, vor allen Leuten.

Sie ging zu ihrem Auto, einem schnittigen Gagarin 312, der direkt vor dem Haus parkte – ein Privileg, das hochrangigen Mitarbeitern des öffentlichen Dienstes vorbehalten war. Sie winkte zum Abschied. »Und verbring nicht wieder den ganzen Tag in diesem Gnurz, oder wie das heißt!«

»Gnorz, Mam. Werd ich nicht!«

Er wandte sich um und betrat den Hausflur. An der Tür des Aufzugs hing ein Pappschild: »Helfen Sie, Energie zu sparen, und tun Sie etwas für Ihre Gesundheit – gehen Sie zu Fuß!« Paul stieg die Treppen hinauf in den zweiten Stock, wobei er zwei Stufen auf einmal nahm. Der biometrische Handscanner hakte, so dass er drei Versuche brauchte, um die Tür zu öffnen.

»Willkommen zu Hause, Paul!«, sagte die Tür. »Wie war es in der Schule?«

Paul ignorierte die Stimme. Er fand seinen Großvater in seinem Zimmer inmitten einer Sammlung von historischen Computern und elektronischen Geräten, von denen einige noch aus dem letzten Jahrhundert stammten. John war eben ein typischer Hunderter: Er lebte in der Vergangenheit. Natürlich war er noch nicht wirklich hundert, auch wenn seine Haare schon grau und sein Gesicht ziemlich zerknittert waren. Vor kurzem hatten sie seinen einundsiebzigsten Geburtstag gefeiert. Aber was machte das schon für einen Unterschied?

Als er Paul bemerkte, sah John auf und grinste verlegen. »Hi, Junge. Wieso bist du schon zurück?«

Paul ignorierte die Frage. »Was ist denn los? Schon wieder Stress?«

John blickte zu Boden. »Nun ja, deine Mutter und ich, wir hatten eine kleine Meinungsverschiedenheit ...«

»Hast du mal wieder versucht, das Sicherheitssystem zu deaktivieren?« Das würde erklären, wieso der Handscanner nicht richtig funktionierte.

»Nun ja, ich ... ich dachte, es wäre vielleicht besser, wenn die Haus-KI nicht alles weiß, was wir gerade machen.«
»Kann mir vorstellen, dass Mam nicht begeistert war.«
»War sie nicht.«
»Sie ist eben ein bisschen ängstlich. Sie denkt, wenn die KI nicht auf uns aufpasst, passiert sonstwas.«
John beugte sich vor. »Wenn du mich fragst, Junge«, sagte er in verschwörerischem Flüsterton, »dann sollte sie etwas weniger Angst vor Menschen haben und etwas mehr vor KIs!«
Paul zuckte mit den Schultern. Er kannte Johns irrationale Furcht vor Maschinen zur Genüge. Dabei bastelte sein Großvater den ganzen Tag an ihnen herum. Mitten im Raum stand ein uralter Roboter, der noch aus dem letzten Jahrhundert stammen musste. John nannte ihn Asimo und war unheimlich stolz auf ihn. Eine Klappe an seiner Rückseite war geöffnet, und ein Wust bunter Drähte hing heraus. Drähte, in einem Bot!
Pauls Blick fiel auf einen Koffer, der aufgeklappt auf dem Schlafsofa lag. Daneben stapelten sich ein paar von Johns Kleidungsstücken, natürlich allesamt funktionslos.
»Ist es so schlimm?«
John schüttelte den Kopf. »Das wird schon wieder, Junge. Aber es ist wohl besser, ich bin nicht da, wenn deine Mam nach Hause kommt. Sie hat gesagt, wenn es nach ihr ginge, könnte ich gern wieder nach Ausland gehen.«
Paul erschrak. »Nach Ausland? Du willst doch nicht wirklich ...«
John lächelte. »Keine Sorge. Ich gehe nur für ein paar Tage in ein Hotel, bis sich die Lage wieder beruhigt hat.«
Paul atmete auf. Er hatte eine Menge Horrorstorys über Ausland gehört. Es lag irgendwo weitab im Norden, wo im Winter echter Schnee fiel. Dort gab es kein Netz, keine Holos, keine Bots, keine KIs, nicht mal die altmodischen Computer, die John sammelte. Natürlich konnte man auch nicht einfach in eine virtuelle Realität gehen. Die Leute mussten alles selber machen und aßen Tiere. Warum jemand freiwillig an so einen schrecklichen Ort ging, war ihm absolut schleierhaft. Andererseits ... vieles, was Hunderter machten, war ihm schleierhaft. Wenn John davon erzählte, dass er acht Jahre dort gelebt hatte, leuchteten

jedes Mal seine Augen. Irgendwann werde ich es dir zeigen, Junge, sagte er dann immer. Paul konnte gut darauf verzichten.

John fuhr fort, seinen Koffer zu packen, der nicht mal einen Motor hatte. Er schleppte ihn zur Tür. »Mach's gut, Junge«, sagte er.

»Du wirst doch nicht wieder vom Netz gehen, oder?«, fragte Paul. »Ich meine, vielleicht will Mam sich bei dir entschuldigen oder so ...«

»Entschuldigen? Meine Tochter? In hundert Jahren nicht! Außerdem hab ich ein Mobiltelefon.«

»Ein Mobiltelefon! Na toll! Ich meine, du erwartest doch nicht ernsthaft, dass Mam dich auf so einem Ding ... wie nennst du das immer ... anruft?«

»Nicht wirklich. Aber wenn was ist, wisst ihr, wie ihr mich erreichen könnt. Ich melde mich.« Er fuhr mit der Hand durch Pauls Haar und brachte sein Styling durcheinander. »Wir sehen uns!«

»Wir sehen uns!«, sagte Paul.

»Auf Wiedersehen, Mister Gater!«, sagte die Tür.

Paul ging in sein Zimmer. Die Zankereien zwischen seiner Mutter und John gingen ihm ziemlich auf den Geist, aber was sollte man machen – sie waren eben schon alt. Immerhin war jetzt niemand da, der ihm sagte, dass er nicht so lange in Gnorz bleiben und lieber mal an die frische Luft gehen sollte. Voller Vorfreude sah er den Briefumschlag, der über dem Holodesk in der Luft schwebte.

»Sie haben Post!«, sagte eine weibliche Stimme.

»Öffnen«, sagte Paul.

Der Briefumschlag verwandelte sich in einen riesigen roten Hai aus Licht, der ihn mit einem zähnestarrenden Maul angrinste.

»Hallo Sharky«, sagte Paul. »Bist du live?«

»Klar. Hab schon auf dich gewartet.«

»Ich wär jetzt sowieso nach Gnorz gekommen. Wollte nur schnell noch was essen.« Paul holte das Hotdog aus der Tasche, das inzwischen nur noch lauwarm war, und biss hinein.

»Nicht nötig«, sagte Sharky. »Hab heute eh keine Zeit.« Der Hai sprang in die Luft, schlug einen Salto und tauchte dann unvermittelt in dem Holorahmen an der linken Wand auf. Die Fische, die dort bisher träge hin und her geschwommen waren, stoben erschrocken zur Seite.

»Ey, Mann, das ist ja off!«, sagte Paul. »Wie hast du dich denn da reingehackt?«

»Kleinigkeit!«, sagte der Hai und war mit einem Satz wieder über dem Schreibtisch. Er grinste bedrohlich.

»Wieso kannst du denn heute nicht?«, fragte Paul. »Ich dachte, wir probieren mal den neuen Gestaltwandel-Zauber aus, und ...«

»Tut mir leid. Hab ein kleines Problem. Deshalb wollte ich dich um einen Gefallen bitten.« Der Hai schaffte es irgendwie, verlegen auszusehen.

»Was denn?«

»Nun ja, also ... es ist so, mein Dad, du weißt ja, der arbeitet bei der Schulbehörde ...«

Sharky hatte ihm davon erzählt, obwohl man bei Sharky nie sicher sein konnte, dass das, was er einem erzählte, stimmte. Im Grunde wusste Paul nicht mal genau, ob sich hinter der virtuellen Figur Sharky wirklich ein Junge in seinem Alter verbarg, wie er behauptete, oder irgendein abgestürzter Hunderter. Andererseits hatte Sharky ihm neulich geholfen, indem er das Ergebnis seines Mathetests ein bisschen überarbeitet hatte. Dazu hatte er den Zugang seines Alten zum Schulsystem genutzt. Also stimmte das wahrscheinlich.

»Was ist mit ihm?«, fragte Paul.

»Er war neulich auf so einer Party, ich meine, in der wirklichen Welt, und na ja, da haben sie Alkohol getrunken.«

»Alkohol!«

»Ja, und zwar eine ganze Menge. Jedenfalls war mein Dad so bescheuert und ist voll zugedröhnt nach Hause gekommen. Hat nicht dran gedacht, dass die Toilette seinen Urin analysiert, besoffen, wie er war. Ein Mitarbeiter der Schulbehörde, der gegen das Alkoholverbot verstößt! Wenn die seine Daten kriegen, hat er ein Disziplinarverfahren am Hals und verliert garantiert seinen Job!«

»Au Mann!«

»Genau. Stell dir mal vor, mein Dad arbeitslos, den ganzen Tag hier zu Hause. Da kann ich Gnorz erst mal komplett vergessen.«

»Und wie kann ich dir dabei helfen?«

»Ich muss irgendwie ins Netz der Behörde.«

»Vergiss es! Da kommst du nie rein! Das ist ein Hochsicherheitsnetz!«

»Ich weiß. Das geht nur mit einem autorisierten Zugang. Und da dachte ich, wo doch deine Mam bei der Polizei ist …«

Paul stockte der Atem. Was Sharky da vorschlug, war ungeheuerlich. Undenkbar.

»Tut … tut mir leid, Sharky. Keine Chance. Das kann ich nicht machen.«

Der Hai senkte den Kopf, was irgendwie lächerlich und anrührend zugleich aussah. »Schon gut, Mann. Versteh ich. Echt. Würde genauso reagieren. Schließlich ist sie deine Mam und von der Polizei und so.«

»Wenn das rauskommt, ist sie ihren Job los, und ich …«

Der Hai nickte traurig. »Weiß ich doch, Mann. Ich hätte auch nicht gefragt, es ist nur, weil ich dachte, ich hab dir ja auch geholfen …«

»Mann, Sharky … ich weiß echt nicht …« Paul seufzte.

Sharky sagte nichts, sah ihn nur mit seinen schwarzen Fischaugen an.

»Außerdem, selbst wenn ich ihr Passwort wüsste …«

»Du weißt es, stimmt's?«

Paul nickte. Irgendwie konnte er Sharky nicht anlügen. »Sie ist doch so schusselig. Ich weiß, wo sie es aufgeschrieben hat. Aber selbst wenn du es hast, da ist immer noch der Genscanner …«

Das riesige Maul des Hais verzog sich zu einem hoffnungsvollen Grinsen. »Das ist kein Problem, Mann. Ihr habt doch einen Scanner bei euch, oder?«

»Klar.«

»Alles, was du machen musst, ist mir ihren Gencode schicken.«

»Wie denn das?«

»Geh mal ins Bad. Da liegt bestimmt eine Bürste von ihr. Und in der sind garantiert Haare und Hautschuppen. Den Rest krieg ich dann schon hin.«

Paul nickte. Das könnte funktionieren. Ehe er begriff, was er tat, war er ins Badezimmer geeilt und hatte ihre Haarbürste geholt. Drei gelockte braune Haare hingen darin.

Plötzlich merkte er, dass er dabei war, zu tun, worum Sharky ihn bat. Er erschrak. Das konnte er unmöglich machen!

»Hast du was gefunden?«, fragte Sharky.

»Ja«, sagte Paul. »Aber ehrlich, Sharky, das geht wirklich nicht! Ich meine, das ist nicht bloß die Schul-KI, das ist ein Hochsicherheitsnetz!«

Sharky grinste. »Komm schon, Paul! Wenn du mir hilfst, helf ich dir auch noch mal! Ich kenne da einen ziemlich abgefahrenen Hack, mit dem kannst du in Gnorz direkt auf den Ultralord-Level aufsteigen!«
Paul sog die Luft ein. Ultralord! Er würde alles machen können, was er wollte! Er wäre der absolute Herrscher über sein eigenes, riesiges Reich! Keine Ressourcenbeschränkungen! Alle verfügbaren Zauber! Djinns, Feen, selbst Halbgötter, so viele er wollte!
»Außerdem dauert es nur zwei, drei Minuten«, sagte Sharky. »Keiner wird was merken. Garantiert! Und mein Dad ... ich meine, wir wären dir für immer dankbar!«
»Also gut«, sagte Paul. »Aber du weißt, was ich für dich riskiere.«
»Klar, Mann. Danke! Du bist total echt, Mann!«
Mit einem mulmigen Gefühl im Bauch ging Paul ins Schlafzimmer seiner Mutter. Ein kleiner Plüschteddy lag auf dem Kopfkissen, den ihr John geschenkt hatte, als sie noch ein kleines Mädchen gewesen war – bevor er ins Gefängnis musste. Er nahm den Teddy in die Hand und öffnete den Reißverschluss auf der Rückseite. Im Inneren befand sich ein handgeschriebener Zettel mit einer langen, nichtssagenden Kombination aus Zahlen, Buchstaben und Zeichen. Er nahm den Zettel und ging zurück in sein Zimmer.
»Also schön. Der Username ist Georgina Gater. Und das Passwort ...« Plötzlich hatte er eine trockene Kehle.
Der rote Hai sah ihn erwartungsvoll an.
Paul schluckte. »Das Passwort lautet: Ba7L%8uTG-#R92.«
»Danke, Mann. Und jetzt den Gencode.«
»Wie krieg ich den zu dir rüber?«
»Mach dir darüber keine Sorgen. Leg einfach das Haar in den Scanner! Dann sage ich dir, was du machen musst.«
Paul ging in die kleine Küche und öffnete den Deckel des Analysators. Er legte das Haar hinein und schloss den Deckel. »Genscan«, sagte er.
Das Gerät leuchtete kurz auf. »Genetischer Code gescannt«, sagte die Küchen-KI. »Quelle der DNA menschlich. Vertrauliche Personendaten. Zugriff verweigert.«
Mist! Aber irgendwie war Paul beinahe erleichtert. Er hatte wirklich alles für

Sharky getan. Dass die KI die Daten seiner Mutter nicht weitergab, war nicht seine Schuld.
Er ging zurück in sein Zimmer. »Es tut mir leid, Sharky, aber ...«
Er stockte. Der rote Hai war verschwunden.

Georgina

Georgina Gater lehnte sich einen Moment im Fahrersitz ihres Dienstwagens zurück. Das Lenkrad drehte sich von selbst mit den Manövern des Wagens, der ruhig und beinahe lautlos über die unterirdische Stadtautobahn glitt.
»Nachrichten«, sagte sie. Vor ihr in der Luft erschien das Logo des Senders, dann der Anchorman, ein smarter Typ Mitte sechzig.
»Guten Tag und herzlich willkommen zu den City News von vierzehn Uhr dreißig. Kansas City. US-Präsident Willcox hat die Botschafterin der Asiatischen Allianz, Lin Tsu, zu einer Dringlichkeitssitzung einbestellt. Die erneute Sabotage durch antichristliche Elemente an der Zentralasiatischen Pipeline sei nicht hinnehmbar, sagte er auf einer sich anschließenden Pressekonferenz. Mrs. Tsu wies darauf hin, dass die Sicherheitskräfte der Allianz nicht über ausreichend Sicherungsautomaten verfügten, um eine dreitausend Kilometer lange Pipeline permanent vor Angriffen zu schützen. Darauf habe die Allianz ihre Vertragspartner immer wieder hingewiesen. Beobachter gehen davon aus, dass die USA die Allianz für die Angriffe direkt verantwortlich machen. Auf Fragen von Reportern wies der Präsident der Ostasiatischen Provinz Kalifornien, John Li, einen solchen Verdacht als ›Provokation‹ zurück. Indessen haben fundamentalistische Theologen in den USA mehrfach ein ›entschiedenes Vorgehen gegen die fortwährenden Angriffe der Antichristen‹ gefordert. Vor dem Schwarzen Haus kam es zu einer Demonstration von mehr als zehntausend ...«
Das Hologramm des Nachrichtensprechers zitterte leicht und verschwand. An seiner Stelle erschien ein roter Hai, der Georgina mit zähnefletschendem Maul angrinste. Der Hai blinzelte, dann war er wieder verschwunden.
»... hat der Finanzausschuss der Vereinten Nationen beschlossen, dass die Kosten der Verschrottung der Basisstation des Spacelifts ...«, sagte der Nachrichtensprecher, als sei nichts gewesen.

Ein Ruck lief durch das Fahrzeug. Erschrocken schaltete Georgina die Projektion aus und sah sich um. Der Verkehr war zum Stillstand gekommen. In der schwachen Beleuchtung der unterirdischen Autobahn war nur eine lange Reihe von Begrenzungsleuchten zu erkennen. Der Verkehr wurde von einem neuronalen Netz geregelt, das die Geschwindigkeit der Fahrzeuge automatisch der Kapazität der Verkehrswege anpasste. Staus hatte es hier seit mehr als fünfzehn Jahren nicht mehr gegeben. Noch dazu war es Nachmittag, die Autobahn war zu höchstens zehn Prozent ihrer Kapazität befahren, und ein Hindernis ließ sich weit und breit nicht ausmachen. Es schien, als sei die Verkehrssteuerungs-KI komplett ausgefallen. Aber wo blieb das Backup-System?

»Kommunikation Juan Lopez«, sagte Georgina. Juans Gesicht erschien vor ihr.

»Hi, George. Gut, dass du dich meldest. Hier ist die Hölle los!«

»Was ist denn passiert? Ich stehe irgendwo in Central South im Tunnel, und nichts rührt sich.«

»Da bist du nicht die Einzige. Der Verkehr in der ganzen Stadt steht momentan still. Sieht fast wie ein Stromausfall aus, nur dass nach Aussage von Citycom der Strom nicht ausgefallen ist. Es scheint die KI zu sein. Citycom hat eine Informationspsychologin auf die Sache angesetzt, eine Dr. Harris. Aber das ist nicht alles.«

»Was denn noch?«

Juan seufzte. »Stromausfall in der südlichen Vorstadt. Maschinenstillstand im Planktonwerk an der Garner Street. Das Einheitskrankenhaus meldet einen Totalausfall der chirurgischen Systeme. In einem Hotel am Linden Square hat sich die Sprinkleranlage aktiviert. Und das sind nur die Meldungen, die ich bisher gesichtet habe. Die Notrufzentrale hat gerade Land unter. Die ganze Stadt spielt verrückt. Und dann ist da dieser komische rote Hai.«

Georgina zuckte zusammen. »Was für ein roter Hai?«

»Er taucht immer wieder mal in irgendwelchen Holos auf. Dr. Harris meint, dass er mit der Sache zu tun hat.«

»Ich habe ihn auch gesehen. Meinst du, das ist ein Virus?«

»Unwahrscheinlich. Dr. Harris glaubt, es könnte ein Scherz sein.«

»Ein Scherz? Von wem?«

»Von einer der KIs.«

»Nun hör aber auf!«
»Im Ernst. Sie sagte, die Kapazität der Informationssysteme der Stadt sei in den letzten vier Monaten um achtzehn Prozent gestiegen. Sie sind nicht ausgelastet. Sie langweilen sich.«
»Das ist doch Quatsch! Das sind KIs, verdammt. Die machen keine Scherze!«
»Erzähl das Dr. Harris. Ich hab keine Ahnung, was die Dinger machen oder nicht machen.«
Mit einem Ruck setzte sich der Wagen in Bewegung. Georgina wurde von der abrupten Beschleunigung in den Sitz gepresst. »Es geht weiter. Ich komme, so schnell ...«
Juans Bild verschwand. Der Wagen schoss los, doch etwas stimmte nicht. Statt sich in einem gleichförmigen Strom zu bewegen, reagierten die Wagen unterschiedlich. Einige bewegten sich überhaupt nicht, andere rasten mit maximaler Beschleunigung. Links neben Georgina ertönte ein lautes Krachen, als zwei Fahrzeuge ineinanderstießen. Sie drückte den Notknopf für die manuelle Steuerung und trat heftig auf die Bremse, gerade noch rechtzeitig, um einen Zusammenstoß mit einem Lastcontainer zu verhindern. Das Gefühl des Lenkrads in ihren Händen war ungewohnt, aber regelmäßige Trainings für manuelles Fahren gehörten glücklicherweise zur Grundausbildung eines Polizisten. Sie versuchte sich durch den chaotischen Verkehr zu schlängeln, was dadurch erschwert wurde, dass die meisten Leute, statt die manuelle Steuerung zu aktivieren, aus ihren Fahrzeugen ausgestiegen waren und verwirrt auf der Autobahn herumstolperten. Nicht mehr lange, und es würde die ersten Verletzten geben.
Der Bordcomputer reagierte mit protestierenden Tönen, als Georgina die Mindestabstände zu Fahrzeugen und Menschen unterschritt. Hupend und fluchend bahnte sie sich einen Weg durch das Chaos. Endlich erreichte sie eine Serviceausfahrt. Sie bog ab und jagte durch den engen Seitentunnel.
»Unzulässige Wegstrecke«, protestierte die Stimme ihres Wagens. »Bitte aktivieren sie die automatische Steuerung.«
Georgina dachte nicht daran. Nach ein paar Minuten erreichte sie eine Auffahrt zum achtspurigen oberirdischen Kubrick Boulevard. Von hier waren es nur noch ein paar hundert Meter bis zum Polizeihauptquartier. Sie parkte den

Gagarin an der Auffahrt und legte den Rest der Strecke zu Fuß zurück, wobei sie sich ihren Weg durch eine aufgeregte Menschenmenge bahnen musste. Als sie endlich die Einsatzzentrale erreichte, war sie schweißgebadet. Juan blickte von seinem Holodesk auf.

»Oh, George. Wie hast du das so schnell geschafft? Ich dachte, ich sehe dich nicht vor heute Abend.« Er wies auf eine junge Frau neben sich. »Dr. Julia Harris, Informationspsychologin von Citycom.«

»Guten Tag.« Georgina streckte die Hand aus, doch Dr. Harris warf nur einen angeekelten Blick darauf. Sie gehörte zu der wachsenden Zahl Menschen, denen jeder Körperkontakt unangenehm war. Wahrscheinlich trug sie auch elektrostatische Nasen- und Rachenraumfilter. Leicht peinlich berührt, zog Georgina die Hand zurück.

»Äh, können Sie schon sagen, was die Ursache der Probleme ist?«

Dr. Harris zog eine Augenbraue hoch. »Was die Ursache ist? Glauben Sie, das ist so einfach? Meine Babys sind empfindliche Seelen. Da muss man behutsam vorgehen. Sie sind so komplex und vielseitig. Die Ursache! Als ließe sich immer alles auf einen einzigen Faktor reduzieren!«

»Aber irgendetwas muss die plötzliche Fehlfunktion Ihrer Künstlichen Intelligenzen doch ausgelöst haben!«

»Fehlfunktion!« Dr. Harris verzog angewidert den Mund. »Meine Babys tun tagaus, tagein ihren Dienst, ohne eine einzige Pause. Und wenn dann einmal etwas nicht perfekt läuft, reden alle gleich von Fehlfunktion, als sei das ganze System schrottreif! Würden Sie auch bei einem Menschen, der sich mal irrt, gleich von ›Fehlfunktion‹ sprechen?«

Georgina spürte, wie ihr die Zornesröte ins Gesicht stieg. »Nicht perfekt läuft? Haben Sie mal ins Holo geguckt? Da draußen herrscht das blanke Chaos, verdammt noch mal! Inzwischen muss es Hunderte Verletzte geben, vielleicht sogar Tote! Ich bin froh, dass ich heil hierhergekommen bin!«

»Fluchen Sie bitte nicht in meiner Gegenwart!«

Georgina schnaufte, riss sich jedoch zusammen. Juan warf ihr einen vielsagenden Blick zu. »Dr. Harris meint herausgefunden zu haben, dass ein unautorisierter Zugriff auf das zentrale Sicherheitssystem erfolgte.«

»Das meine ich nicht nur«, sagte Dr. Harris. »Das ist so.«

Georgina wurde blass. »Terroristen?«

»Lächerlich!«, rief Dr. Harris. »Die Citycom-Systeme sind absolut sicher gegen Angriffe von außen!«

Georgina zählte stumm bis zehn, bevor sie sprach. »Haben Sie nicht eben gesagt, dass ein unautorisierter Zugriff erfolgte?«

Dr. Harris blinzelte. »Das stimmt. Aber es waren bestimmt keine Terroristen. Der Zugriff erfolgte eindeutig über einen gesicherten Zugang hier in der Stadt.«

Georgina fragte sich, ob Dr. Harris glaubte, Cyberterroristen gebe es nur in der zentralasiatischen Steppe, von wo sie sich mit ihren Lasern in das globale Kommunikationssystem hackten. »Können wir den Zugang lokalisieren?«

»Die Identifikationsdaten wurden verschlüsselt«, sagte Juan. »Das Sicherheitssystem konnte keine bekannten Muster erkennen. Das Einzige, was wir im Klartext haben, ist das eingegebene Passwort.« Er machte ein paar Handbewegungen, und eine Reihe von Ziffern, Buchstaben und Zeichen erschien: Ba7L%8uTG-#R92.

Georgina wurde kalt. Es dauerte einen Moment, bis sie wieder sprechen konnte. »Läßt sich nicht mehr herausfinden, zu welchem Account dieses Passwort gehört?«

»Wie gesagt, der Angreifer hat seine Identifikationsdaten verschlüsselt. Der Dekryptor ist dran. Es ist ein 4096-Bit-Schlüssel, aber wir haben zum Glück nur ein paar hundert Accounts, die in Frage kommen. Das ist machbar. Es könnte ein paar Stunden dauern, schlimmstenfalls ein oder zwei Tage. Aber irgendwann kriegen wir das Schwein.«

Georgina setzte sich. Kalter Schweiß stand auf ihrer Stirn. Ihre Hände zitterten leicht.

»Was ist los mit dir, George? Du siehst nicht gut aus!«

»Ich ... es tut mir leid. Ich glaube, die Fahrt gerade ... das steckt mir noch in den Knochen ...«

»He, sehen Sie, es geht wieder«, rief Dr. Harris und zeigte mit einem breiten Grinsen auf das Holo, das jetzt eine Helicam-Ansicht der Stadt zeigte. Der Verkehr hatte wieder zu fließen begonnen. »Ich wusste doch, dass meine Babys das hinkriegen!«

»Systemstatus«, sagte Juan. »Citycom, alle Systeme.«

Eine lange Reihe von Systembezeichnungen scrollte durch die Luft. Dahinter erschien jeweils das Wort »Funktionsstatus: 100%«. Alle Systeme liefen wieder stabil.
Juan atmete hörbar aus. »Gott sei Dank. Ich dachte schon ...«
Georgina spürte einen kalten, schweren Kloß im Magen. »Mir ist nicht gut«, sagte sie. »Ich bin gleich wieder da.«
Sie verließ den Raum, dann ging sie, so schnell sie konnte, ohne Verdacht zu erregen, den langen Korridor entlang und aus dem Haus. Diesmal war der alte Narr zu weit gegangen. Das hier würde sie ihm nicht verzeihen.

John

Künstliche Intelligenz, pah! Künstliche Idiotie war der treffendere Ausdruck hinter der Abkürzung KI, ginge es nach John Gater. Völlig durchnässt stand er vor dem Hotel auf der Straße und starrte auf das Chaos um sich herum. Er war gerade dabei gewesen, seinen Koffer auszupacken, als der Feueralarm losging. Dann hatte es überall im Hotel angefangen zu regnen. Zum Glück war es draußen recht warm, fast zwanzig Grad. Er konnte sich noch daran erinnern, dass es im November manchmal geschneit hatte, als er jung gewesen war. Doch Schnee gab es in diesen Breitengraden längst nicht mehr.
Der Verkehr in der Stadt war zum Erliegen gekommen. Menschen saßen in ihren Wagen und trommelten hilflos auf die Armaturen. Einige waren ausgestiegen und irrten auf der Straße herum. Eine dürre Frau, die die Situation nicht überblickte, rief verzweifelt nach einem Taxi. Hoch oben kreiste ein Medikopter wie ein Raubvogel auf der Suche nach Beute. Über der südlichen Vorstadt war eine dicke schwarze Rauchsäule aufgestiegen; dort brannte es offenbar wirklich. Die meisten Holos und Leuchtfassaden waren erloschen. Einige zeigten kryptische Symbole oder weißes Rauschen. John meinte, dazwischen hin und wieder die grinsende Fratze eines roten Hais aufblitzen zu sehen. Das erinnerte ihn an irgendetwas, aber er kam nicht darauf, was es war.
Er hatte immer geahnt, dass so etwas eines Tages passieren würde. Es war unausweichlich. Die Menschen hatten sich in grenzenloser Naivität immer mehr in die Abhängigkeit von Systemen begeben, die sie nicht mehr verstanden. Sie nannten es Künstliche Intelligenz, ohne zu wissen, was der Begriff

eigentlich bedeutete. KIs regelten den Verkehr, KIs steuerten vollautomatische Fabriken, erzeugten Energie, reinigten Straßen und Wohnungen, stellten Nahrung her und bereiteten sie zu. Intelligente Maschinen waren die willigen Sklaven der Menschen geworden, und die Menschen hatten ihre Dienste nur zu gern in Anspruch genommen, bis es ohne sie nicht mehr ging.

Als John seinen ersten Computer bekommen hatte, einen Pentium PC mit dreihundert Megahertz-Prozessor und vier Megabyte Hauptspeicher, war er zwölf Jahre alt gewesen. Zehn Jahre später, 2007, hatte er einen modernen PC mit Dualcore-Architektur, 3,6 Gigahertz-Taktung und zwei Gigabyte Hauptspeicher gehabt, den er für sein Informatik-Studium angeschafft hatte. Die Rechenleistung der beiden Computer unterschied sich grob um den Faktor Fünfzehn, obwohl sie jeweils etwa das Gleiche gekostet hatten.

Moores Gesetz, nachdem sich die Zahl der Speicherelemente auf einer bestimmten Fläche – und damit die mögliche Rechenleistung – alle zwei bis drei Jahre verdoppelte, hatte bereits seit den sechziger Jahren des letzten Jahrhunderts gegolten. Und entgegen allen Prophezeiungen von unüberwindlichen Grenzen auf molekularer Ebene galt es immer noch, zumindest was die Rechenleistung betraf. Die Einführung optischer Computer in den zwanziger Jahren hatte der Hardware-Entwicklung neuen Schub gegeben. Eine durchschnittliche Prozessoreinheit hatte heute eine fast dreihunderttausendmal größere Rechenleistung als ein moderner PC im Jahr 2007. Aber auch die Zahl der Computer hatte sich drastisch erhöht. Um die Jahrtausendwende hatte es auf der Erde erstmals mehr Computer als Menschen gegeben. Im Jahr 2057 wusste niemand mehr, wie viele Prozessoreinheiten es gab. John schätzte, dass auf jeden Menschen in den großen Städten etwa dreihundert bis fünfhundert kamen. Sie steckten in Spielzeugen, in Möbeln und Schmuckstücken, in Wänden und Türen, waren eingenäht in Kleidung und Schuhe, ganz zu schweigen von den unzähligen Steuerungssystemen für Verkehr und Produktion. Insgesamt mindestens eine Billion Computer, nur dass niemand sie mehr so nannte. Und alle waren miteinander vernetzt.

Die meisten Menschen dachten überhaupt nicht darüber nach, dass sie von einem solchen unsichtbaren Netz umgeben waren. Sie genossen die Annehmlichkeiten, die ihnen ein hoch automatisiertes Leben bot, freuten sich, dass sie auf Knopfdruck die Farbe ihres Kleides wechseln konnten und der Herd ihnen vollautomatisch Spiegeleier mit Bratkartoffeln servierte. Sie verließen sich darauf, dass das Netz um sie herum zuverlässig arbeitete. Niemand verstand mehr, wie dieses Netz funktionierte. Die wenigen Menschen, die wie John über fundiertes Grundlagenwissen in Informatik und Künstlicher Intelligenz verfügten, waren nicht einmal ansatzweise in der Lage, seine Komplexität noch zu durchschauen, geschweige denn, es im Detail zu verstehen. Die Menschheit war den von ihr geschaffenen Systemen hilflos ausgeliefert.

Nicht, dass man Grund gehabt hätte, sich darüber zu beklagen. KIs arbeiteten bei weitem zuverlässiger als Menschen, und entgegen allen düsteren Zukunftsvisionen der Jahrtausendwende hatten sie bisher keine Anstalten gemacht, ihre Schöpfer auszurotten, zu versklaven oder in komatös dahinvegetierende Energiezellen zu verwandeln. In gewisser Hinsicht hatten sie die Erde zu einem Schlaraffenland gemacht, zumindest für diejenigen Menschen, die sich ein Leben in den Luxuszonen der Stadt leisten konnten.

Das Problem war nur, dass es nicht immer so bleiben würde. Die Chaostheorie prophezeite, dass komplexe Systeme unter bestimmten Umständen unvorhersehbar reagierten und Extremzustände annahmen, die im Fall der KIs ohne weiteres zu einem Totalzusammenbruch der Stadtsysteme führen konnten. Die Menschen, deren nackte Existenz vom Funktionieren der Systeme abhängig war, steckten dann in ziemlichen Schwierigkeiten.

Als junger Programmierer in einer Softwarefirma für Sicherheitssysteme hatte John irgendwann gemerkt, dass er nicht mehr genau verstand, wie die Systeme funktionierten, die er mit Hilfe automatischer Codegeneratoren schuf. Er hatte einen Artikel von Bill Joy, dem Gründer von Sun Microsystems, aus dem Jahr 2000 gelesen und das Problem erkannt. Er hatte versucht, das Management seiner Firma zu warnen. Zum Dank hatten sie ihn gefeuert. Als niemand ihm mehr zuhören wollte und nur noch ein paar paranoide Spinner sein Weblog im Internet kommentierten, hatte er sich schließlich einer Gruppe von Hackern angeschlossen, die seine Sorgen teilten. In spektakulären Aktionen waren sie in angeblich hochsichere Computersysteme eingedrungen, um der Öffentlichkeit zu zeigen, wie unzuverlässig diese tatsächlich waren. Johns Glanzstück war es gewesen, auf der Anzeigetafel der New Yorker Börse den Satz erscheinen zu lassen: »Künstliche Intelligenz ist unzuverlässig!« Daraufhin waren die Kurse der Softwarefirmen eingebrochen

Doch es hatte nichts genützt. Computersysteme waren unsicher, das war nichts Neues. Die Kurse erholten sich, die Börse bekam ein neues Sicherheitssystem, und alle gingen zur Tagesordnung über. Ein Jahr später wurde John ausgerechnet von einer Sicherheits-KI seines früheren Arbeitgebers dabei erwischt, wie er in das nationale Gesundheitsnetz eindringen wollte. Dafür hatte er acht Jahre gesessen. Danach hatte er der technisierten Welt enttäuscht den Rücken gekehrt und war nach Ausland gegangen, einer Kommune von Technologieflüchtlingen im Südosten Finnlands, die auf moderne Technik und Computer verzichteten. Doch Flucht war nie John Gaters Lösung gewesen. So war er nach einigen Jahren zurückgekehrt und hatte seine Tochter ausfindig gemacht, die bei seiner Verhaftung vier Jahre alt gewesen war. Seitdem lebte er bei ihr, half, Paul großzuziehen, dessen Vater sich aus dem Staub gemacht hatte, und stritt sich mit Georgina täglich darüber, ob man KIs trauen durfte oder nicht.

Ausgerechnet heute schien der Tag gekommen zu sein, an dem John Gater recht behielt.

Sein Handy klingelte. Es war erstaunlich, dass das alte UMTS-Netz noch immer funktionierte, obwohl es praktisch niemand mehr benutzte. Für die KIs war die Datenübertragung viel zu langsam, und Handys verwendete niemand mehr. Normale Menschen sprachen einfach in die Luft, wenn sie jemanden erreichen wollten – sie trugen immer mehrere Audioprozessoren an ihrem Körper, eingebaut in Schmuck oder verwoben in Kleidung, die dann die Verbindung herstellten.

John zog das alte Mobiltelefon hervor und klappte es auf. »Georgina? Glaubst du mir jetzt, dass ...« Er stutzte, als er ein Weinen am anderen Ende vernahm, das nicht nach seiner Tochter klang.

»Paul! Was ist denn los?«

»Du ... du musst mir helfen, John! Ich habe etwas Schreckliches gemacht!«

»Wo bist du? Bist du verletzt?«

»Ich bin okay.« Er schluchzte. »Ich habe ... ich habe ...«

Eine unheilvolle Ahnung ließ John erschauern. »Nicht jetzt«, sagte er. »In der Wohnung wird alles mitgehört. Am Hotdog-Stand! In zehn Minuten.«

Zum Glück war das Hotel nur ein paar Blocks von Georginas Wohnung entfernt. Er rannte durch die chaotischen Straßen, verfolgt von den finsteren Blicken verwirrter Passanten, als sei er schuld an dem Durcheinander.
Paul erwartete ihn bereits, als er den Hotdog-Stand erreichte. John sah dem Jungen an, wie sehr er sich bemühte, nicht zu weinen. Sein Gesicht war blass, seine Lippen zusammengepresst. Er nahm ihn in den Arm, und sie gingen ein Stück weit, außer Hörweite des Hotdog-Verkäufers.
»Was ist denn los?«, fragte John.
»Es ist ... es ist alles meine Schuld!« Mit wachsendem Unbehagen hörte John, was Paul ihm von seinem neuen Freund Sharky erzählte. Wer immer hinter Sharky steckte, hatte es von vornherein darauf angelegt, den Jungen zu umgarnen und zu täuschen. Dies war kein chaotisches Verhalten eines komplexen Systems, dies war ein hochprofessioneller Angriff, der von langer Hand vorbereitet worden war. Dahinter mussten Terroristen stecken.
Oder, schlimmer noch, eine wilde KI: eine künstliche Intelligenz, die sich von selbst gebildet hatte, vielleicht aus der Verknüpfung eines Virus mit irgendeinem stillgelegten Teil eines Steuerungssystems. Eine solche wilde KI konnte sich unkontrolliert in unbeachteten Nischen des Netzes breitmachen und dort ein Schattendasein führen. Theoretisch sprach vieles für ein solches Ereignis: Darwins Evolutionstheorie war im Prinzip nichts anderes als ein mathematischer Algorithmus, der für Computernetze ebenso galt wie für die Natur. Es war mehr als wahrscheinlich, dass sich durch Reproduktion, Mutation und Selektion früher oder später intelligente Systeme bildeten, die in der Lage waren, unabhängig von jeder menschlichen Kontrolle im Netz zu überleben.
Bisher hatte niemand die Existenz wilder KIs nachgewiesen, aber immer wieder keimten Gerüchte auf. Schon vor vielen Jahren, als John noch an der Uni gewesen war, hatte er Geschichten über ein quasi-intelligentes Virus gehört, das sich angeblich aus einem Softwaresystem für Distributed computing entwickelt hatte und in Hacker-Kreisen »Pandora« genannt wurde.
Falls es eine wilde KI war, die hinter Sharky steckte, dann war sie in der Lage, menschliches Verhalten zu simulieren und Menschen geschickt zu täuschen. Ein gefährliches System, das Menschen wahrscheinlich nicht als freundliche

Helfer, sondern als Bedrohung ansah. Es war nicht auszudenken, was geschah, wenn ein solches System die Kontrolle über Citycom übernahm und sich von dort über das globale Datennetz ausbreitete.

Während Paul erzählte, beruhigte sich die Lage in der Stadt allmählich. Die Autos auf den Straßen ruckten, dann setzten sie sich alle gleichzeitig in Bewegung. Einige Menschen rannten brüllend und mit den Armen fuchtelnd hinter ihren Wagen her, die führerlos davoneilten. Die Werbeholos flackerten auf und priesen die Vorteile der Platin-Krankenversicherung und das Abenteuer einer Mondreise zum hundertsten Geburtstag an. Es war, als hätte das Citycom-Netz nur mal kurz Schluckauf gehabt.

»Meinst du ... es ist vorbei?«, fragte Paul.

»Kann sein«, sagte John. »Aber ehrlich gesagt traue ich dem plötzlichen Frieden nicht. Könnte sein, dass die Ursache für das Durcheinander, das wir gerade gesehen haben, gar nicht dein mysteriöser Freund war. Jedenfalls nicht direkt.«

»Nicht? Aber was denn dann?«

»Eine Abwehrreaktion. So eine Art Fieber, verstehst du? Die KIs von Citycom haben sich gegen den Eindringling gewehrt. Dafür brauchten sie ihre gesamte Rechenleistung und konnten sich um solche Lappalien wie die Verkehrssteuerung nicht mehr kümmern.«

»Aber jetzt ist es vorbei. Heißt das, sie sind wieder gesund?«

»Entweder das, oder was immer in sie eingedrungen ist, hat sich dort eingenistet und verhält sich vorerst ruhig. Möglicherweise hat der Angreifer bereits die Kontrolle über sämtliche Systeme der Stadt übernommen.«

»Au Backe ...«

»Könnte man so sagen.«

»Können wir ... können wir denn gar nichts machen?«

»Wir? Nein, ich fürchte, wir können nichts tun.« John schloss die Augen und versuchte sich zu konzentrieren. »Die einzigen, die etwas tun können, sind die Citycom-Leute«, sagte er nach einer Weile. »Sie könnten einen System-Reset machen und mit Hilfe der Backup-Systeme den Zustand vor dem Angriff wiederherstellen. Was immer in das System eingedrungen ist, wäre dann gelöscht.«

»Dann müssen wir ...«, begann Paul, wurde jedoch durch das Klingeln von Johns Handy unterbrochen.

Diesmal war es seine Tochter.

»Du blöder Vollidiot!«, brüllte sie. »Jetzt ist endgültig Schluss! Du brauchst dich nicht mehr bei mir blicken zu lassen! Wenn sie dich kriegen, werde ich keinen Finger rühren, um dir zu helfen!« Sie schluchzte.

»Du glaubst, ich war das?«, fragte John ruhig.

»Wer denn sonst? Der Angriff wurde von meinem Sicherheitsaccount durchgeführt, verdammt noch mal! Du warst clever genug, die Zugriffsdaten zu verschlüsseln, aber sie haben das Passwort im Klartext. Ich habe es wiedererkannt, also versuch nicht, mich anzulügen! Ich weiß wirklich nicht, warum ich dich nicht gleich von einem Einsatzkommando verhaften lasse! Du hast ...«

Paul nahm ihm das Handy aus der Hand. »Lass mich mal«, sagte er. »Hi Mom ... Nein, es geht mir gut. Es ... es tut mir so leid, Mom. Es ist alles meine Schuld. Da war dieser ... dieser Sharky ... ich dachte, er ist mein Freund ...« Er konnte die Tränen nicht zurückhalten.

John nahm ihm das Handy aus der Hand. »Es war ein professioneller Angriff, George. Sie haben Paul benutzt.« Er erzählte in kurzen Worten, was sich zugetragen hatte. »Wir stecken in ziemlichen Schwierigkeiten!«, endete er.

»Das kann man wohl sagen!«, sagte Georgina mit zittriger Stimme. Es klang, als könnte sie ebenfalls die Tränen kaum bremsen. »Sie werden mich unehrenhaft entlassen. Citycom wird Schadensersatz in Millionenhöhe fordern ...«

»Das meine ich nicht. Ich meine, wir stecken wirklich in Schwierigkeiten! Das Citycom-System ist kontaminiert. Es kann uns jeden Moment um die Ohren fliegen, und dann wird es nicht bei ein paar Verletzten und Sachschaden in Millionenhöhe bleiben!«

»Aber das Netz funktioniert doch wieder normal!«

»Das sieht so aus. Aber ich fürchte, was immer es war, das ins Citycom-Netz eingedrungen ist, ist noch da drin. Der Angriff ist von langer Hand vorbereitet worden. Ich glaube nicht, dass die Abwehrsysteme der Stadt ausgereicht haben.«

»Hier in der Zentrale ist eine Informationspsychologin von Citycom. Sie sagt, das Netz hätte den Eindringling abgewehrt. Er hat es geschafft, ein bisschen

Verwirrung zu stiften, mehr nicht. Sie meint, jetzt sei alles wieder in Ordnung.«

»Schön wär's. Aber ich fürchte, deine Citycom-Expertin schätzt die Lage nicht richtig ein. Am besten gibst du sie mir mal, dann kann ich versuchen, es ihr zu erklären.«

»Okay, warte einen Moment.« Er hörte, wie Georgina einen Raum betrat, in dem sich mehrere Menschen unterhielten. »Dr. Harris«, sagte sie. »Ich glaube, ich weiß jetzt, was passiert ist. Mein Vater, John Gater, möchte gern mit Ihnen sprechen und es Ihnen erklären.«

Eine kurze Pause. »Was ist das denn?«, kam eine dünne weibliche Stimme.

»Das ... ach so, ja. Das ist ein Handy. Früher haben die Leute damit über Distanzen kommuniziert. Mein Vater ist eben ein bisschen altmodisch. Wir beide haben immer so ein Gerät dabei, für Notfälle.«

»Und sie glauben, ich fasse das Ding da an und halte es mir an den Mund? Nachdem Sie es in Ihrem Gesicht hatten?«

»Bitte, Dr. Harris.«

John hörte ein Rascheln, dann erklang Dr. Harris' Stimme leicht gedämpft, als spräche sie durch eine Plastikfolie. »Hallo?«

»Dr. Harris, mein Name ist John Gater. Ich glaube, ich kann Ihnen erklären ...«

»Sind Sie derjenige, der meine Babys so durcheinandergebracht hat?«

John unterdrückte ein Stöhnen. »Nein. Es war ein professioneller Angriff von außen. Irgendetwas ist in das Citycom-System eingedrungen, und ich habe Grund zu der Annahme, dass es noch drin ist.«

»Hören Sie, Mr. Gater, ich kenne meine Babys. Die werden mit so einem Eindringling spielend fertig. Sehen Sie, die Systeme haben sich längst wieder normalisiert. Was immer es war, jetzt ist es kaputt. Alles ist wieder gut. Aber wenn ich denjenigen erwische, der ...«

»Dr. Harris, ich glaube, Sie haben mir nicht richtig zugehört. Gar nichts ist gut. Ich bin ziemlich sicher, dass der Angreifer ...«

»Ziemlich sicher? Woher wollen Sie das wissen? Sind Sie auch Informationspsychologe oder wenigstens Experte für Kybernetische Soziologie?«

»Ich bin Software-Entwickler. Ich habe mitgeholfen, die ersten Künstlichen Intelligenzen zu programmieren. Ich kann Ihnen versichern ...«

»Gar nichts können Sie! Wie alt sind Sie, Mr. Gater? Sie müssen mindestens siebzig sein. Die Zeiten haben sich geändert, seit Sie aktiv waren. Niemand programmiert mehr heutzutage. Die Künstlichen Intelligenzen, wie Sie das nennen, entwickeln sich selbst weiter. Sie sind um vieles komplexer und leistungsfähiger als ein menschliches Gehirn. Wie können Sie sich da anmaßen, zu behaupten ...«

»Bitte, Dr. Harris! Sie haben recht, ich kann nicht im Detail verstehen, was Ihre KIs tun. Das ist ja gerade das Problem. Alles, was wir wissen, ist, dass ein sorgfältig vorbereiteter Angriff auf das Citycom-System durchgeführt wurde und dass dieser Angriff Erfolg hatte ...«

»Der Angriff wurde abgewehrt!«

»Vielleicht. Aber wir können das nicht sicher wissen, oder?«

Dr. Harris zögerte. »Ich bin ganz sicher ...«

»Haben Sie nicht gerade eben gesagt, dass Ihre KIs komplexer sind als ein menschliches Gehirn? Woher wollen Sie dann wissen, ob sie den Angriff unbeschadet überstanden haben?«

»Ich habe mit ihnen gesprochen. Sie haben mir versichert, dass es ihnen gut geht und dass ich mir keine Sorgen machen muss. Sie haben den Angriff abgewehrt.«

»Wie können Sie sicher sein, dass das stimmt?«

»Meine Babys würden mich nie anlügen!«

»Ihre ›Babys‹ vielleicht nicht. Aber was immer möglicherweise die Kontrolle über Citycom übernommen hat, schon.«

»Das ist lächerlich!«

»Ich würde mich sehr freuen, wenn Sie recht hätten und ich unrecht.«

Das brachte Dr. Harris zum Verstummen. »Was schlagen Sie vor?«, sagte sie nach einer Weile. Ihre Arroganz war verschwunden.

»Es gibt nur eine Möglichkeit. Sie müssen sämtliche Systeme herunterfahren und die Backups von gestern aufspielen.«

Dr. Harris sog scharf die Luft ein. »Das können Sie unmöglich ernst meinen! Das ... das wäre praktisch Mord!«

»Mord? Dr. Harris, man kann wohl kaum sagen ...«

»Meine Babys würden ihren momentanen Bewusstseinszustand verlieren. Sie würden aufhören zu existieren. Selbst wenn es nur für ein paar Minuten wäre. Es ist, als ob ich sie umbringen würde. Das kann ich nicht tun!«

John beherrschte sich nur mühsam. »Dr. Harris, wenn Sie es nicht machen, werden vielleicht schon bald viele Menschen sterben, und die können Sie dann nicht mit einem Backup wieder in Gang setzen! Sie müssen einen System-Reset machen. Das ist unsere einzige Chance!«

»Sie haben nicht die Autorität, mir Anweisungen zu geben, Mr. Gater. Ich werde nichts dergleichen tun. Unser Gespräch ist beendet.« Ein Tuten signalisierte, dass sie Georginas Handy zusammengeklappt hatte.

John wählte erneut Georginas Nummer. »Bitte, George, du musst diese bekloppte Ziege irgendwie dazu bringen, einen Reset zu veranlassen!«

Georgina seufzte. »Ich fürchte, ich kann nichts tun, Dad. Dr. Harris weiß sicher, was sie tut.«

»Dr. Harris hat keinen blassen Schimmer, was hier vorgeht!«, brüllte John. Er klappte das Handy zu.

»Was ... was machen wir jetzt, Großvater?«, fragte Paul.

John sah ihn erschrocken an. Paul hatte ihn seit Jahren nicht mehr Großvater genannt. Er wirkte plötzlich viel jünger als dreizehn Jahre. Er nahm den Jungen in den Arm und drückte ihn fest.

»Noch sind wir nicht ganz am Ende unserer Möglichkeiten«, sagte er. »Wenn Citycom nicht einsieht, dass sie einen Reset machen müssen, dann werden wir sie eben dazu zwingen.«

»Wie willst du das anstellen?«

John grinste. »Ich habe da eine Idee. Komm, wir gehen in die Stadtbibliothek!«

»In die Bibliothek? Du meinst dieses Informationsmuseum? Was willst du denn da?«

»Eine alte Freundin besuchen.«

Juan Lopez sah Georgina mit durchdringendem Blick an. »Ich will wissen, was los ist! Woher weiß dein Vater Bescheid?«

»Juan, bitte, vertrau mir! Er kennt sich mit Künstlichen Intelligenzen aus. Er ist ein bisschen altmodisch, zugegeben, aber ...«

Die Versicherungsagentin von Alain Degas kontrolliert seine Krankenakte.

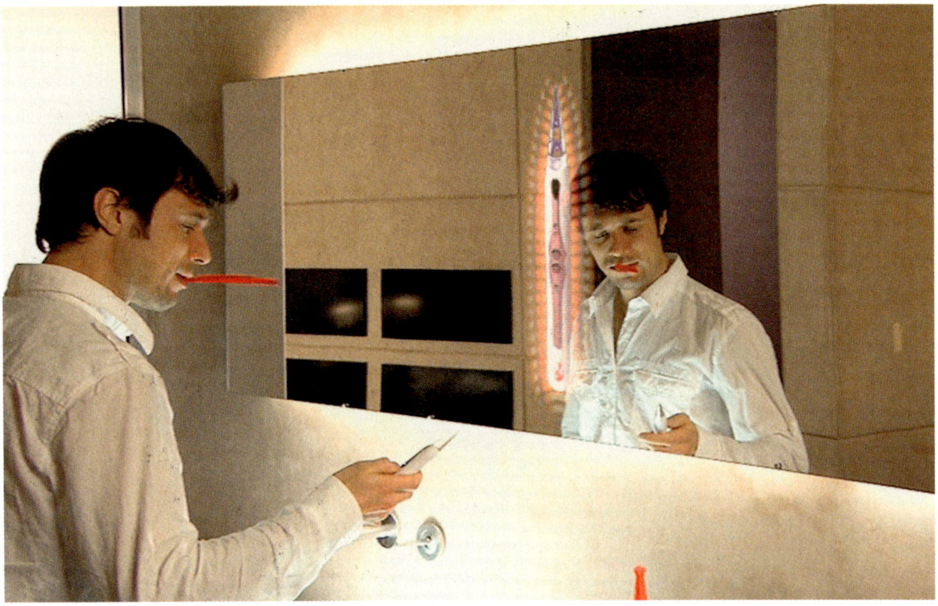

Alain Degas vertuscht bei der Morgentoilette die Ausschweifungen des gestrigen Abends.

Sanitäter bergen den schwerverletzten Alain vor seinem Haus.

Die Stadt der Zukunft

Per Scan wird der vorübergehend tote Alain auf Verletzungen gecheckt. Im Hintergrund sieht sich Marie Belzac sein Skelett in einer Animation an.

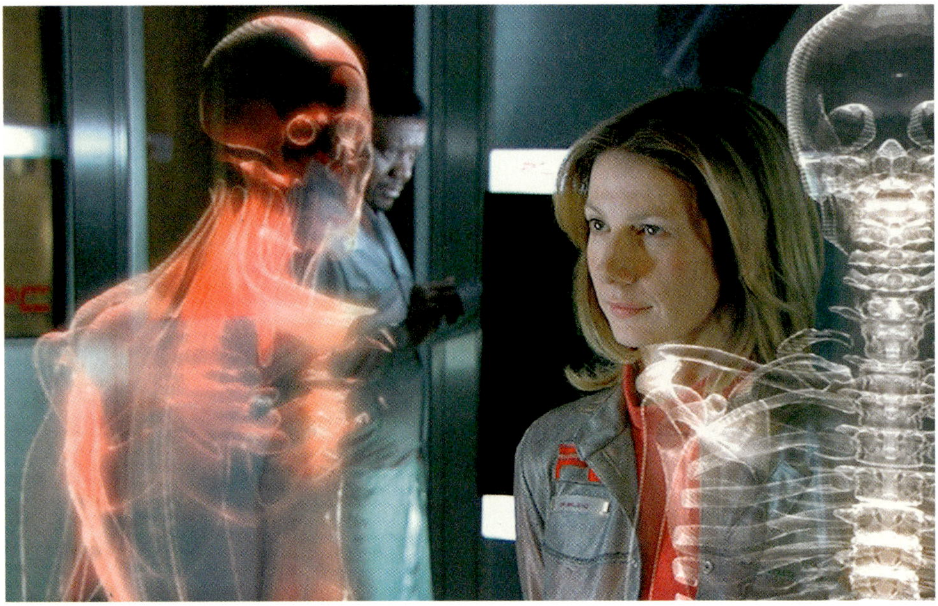

Doktor Belzac überlegt die notwendigen Behandlungsmaßnahmen.

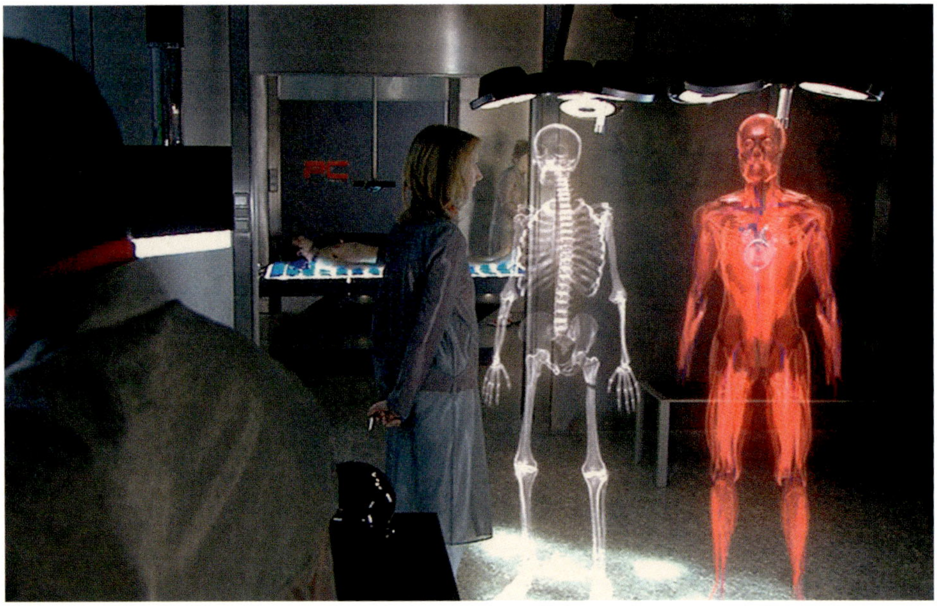

Marie entdeckt in der holografischen Darstellung Alains beschädigtes Kunstherz.

Doktor Belzac checkt Alains Versicherungsstatus und bespricht ihre Diagnose.

Ein Roboter kontrolliert die Zugangsberechtigung Maries zur sterilen Zone per Irisscan.

Marie prüft die Arbeit eines Organdruckers.

Fasziniert beobachten Marie und Alain das Wachsen seines neuen Herzens.

Die Versicherungsagentin bemerkt erhöhte Alkoholwerte im Blut von Alain und hebt seinen Platin-Versicherungsschutz auf.

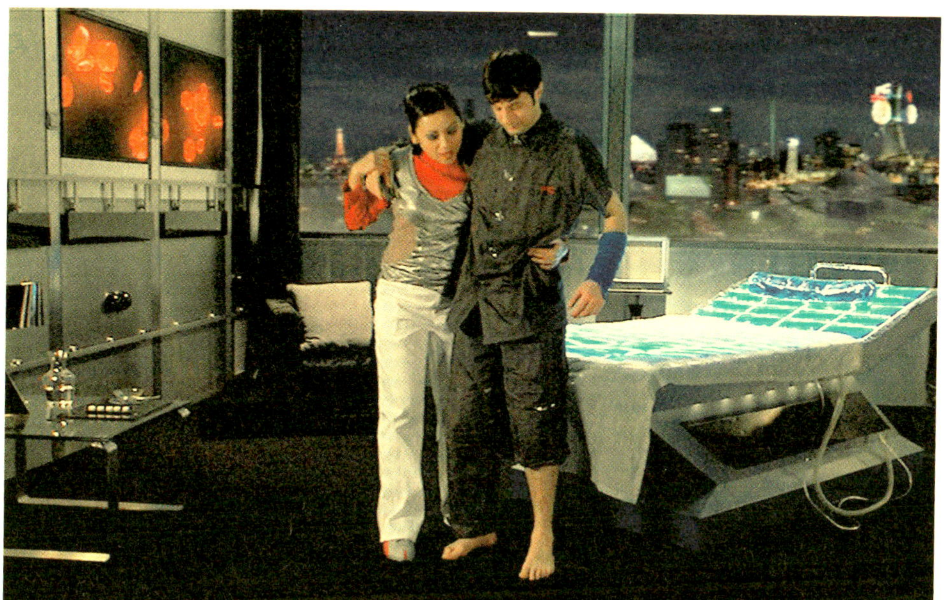

Eine Physiotherapeutin übt mit Alain das Laufen, nachdem ein Microchip in sein Gehirn eingepflanzt wurde.

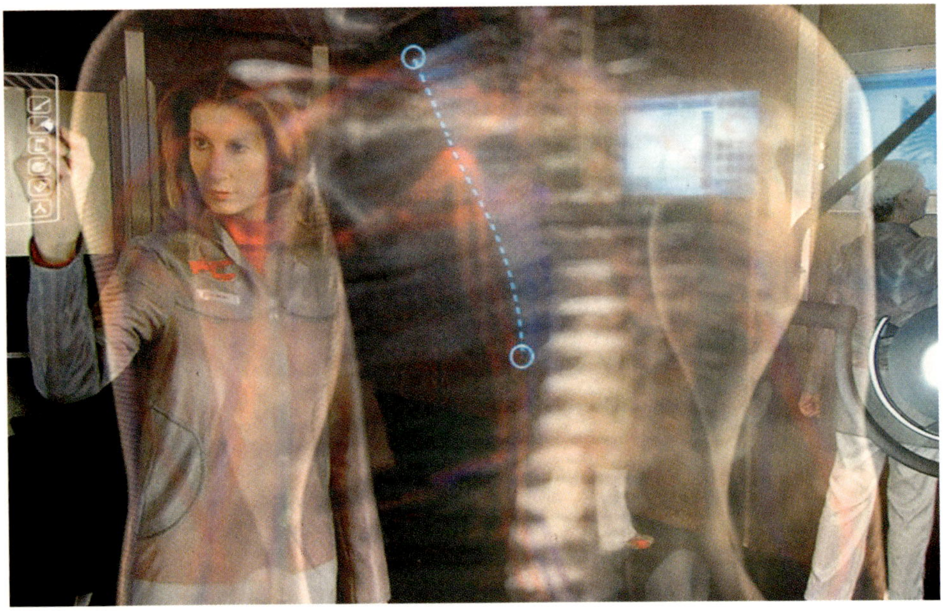

Marie zeichnet auf dem Bildschirm die Schnittstellen zur Herztransplantation für den OP-Roboter ein.

Marie trifft letzte Vorkehrungen zur erfolgreichen Operation von Alain.

Doktor Belzac operiert an einer Holografie Alains Herz, Roboter führen den Eingriff aus.

Paul Gater spricht mit seinem Holofin-Begleiter am Hotdog-Stand.

Pauls Großvater John packt mit seinem Helfer Asimo den Koffer.

Das Hologramm Sharky schaut Paul über die Schulter, während der Junge den geheimen Zugangscode seiner Mutter verwendet.

Noch fließt der Verkehr in der Stadt flüssig wie gewohnt.

Doch schon bald müssen Georgina Gater und ihr Kollege Juan Lopez eine Kuriosität in ihrer Zeit feststellen: Stau und Verkehrschaos in der gesamten Stadt.

In der Polizeistation laufen alle Informationen zusammen.

John Gater berät sich mit seinem Enkel. Im Hintergrund wird angezeigt, dass die Kommunikationsmittel außer Kraft sind.

Bei der Polizei hat man bald John im Verdacht und startet eine Fahndung mit Überwachungskameras.

Derweil sind John und Paul im Stadtarchiv angekommen.

John verwendet einen Kristall, der Informationen gespeichert hat.

Einsatztruppen versuchen John aufzuhalten.

Georgina und Paul hoffen, dass John im letzten Moment die Stadt retten kann.

Alles ist gutgegangen: John, Paul und Georgina stehen erleichtert vor der illuminierten Stadt.

Die Raumstation Solaris am Ende des Spacelifts

Lichao Wang führt Testreihen durch, um doch noch den Durchbruch in der Solarzellen-forschung zu schaffen.

Lichao kommuniziert mit seinem Kollegen Bob Sanders wegen einer Auffälligkeit in der letzten Versuchsreihe.

Ein Weltraumroboter setzt neue Sonnenkollektoren ein.

Paula Keller erreicht die Basisstation des Spacelifts.

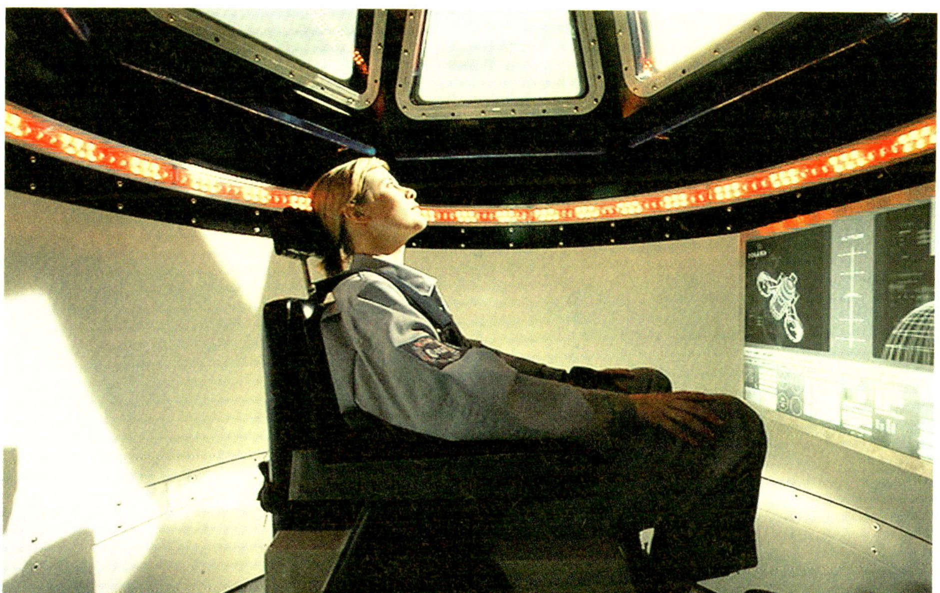

Paula im Weltraumfahrstuhl auf dem Weg zur Solaris.

Der Spacelift passiert eine Zwischenstation.

Der Weltraumfahrstuhl an seinem Karbonband kurz vor Erreichen der Station

Mit Schrecken hören Bob und Lichao von den Konflikten um die Rohstoffreserven auf der Erde.

Der US-Präsident debattiert als holografische Projektion die Sicherheitslage.

Bob verabschiedet Paula, die mit dem Lift zur Erde zurückfährt.

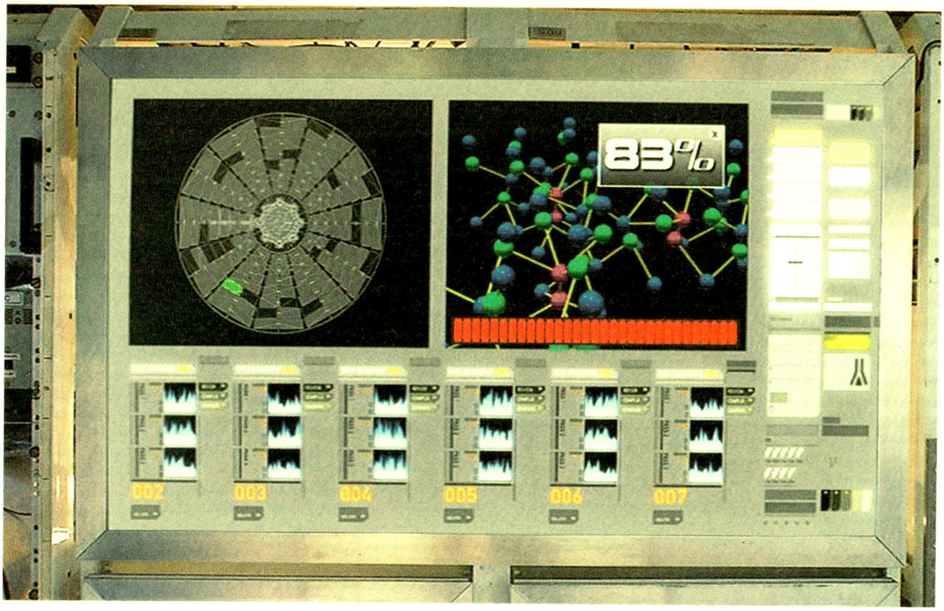

83 % – der Durchbruch: Durch Zufall und in letzter Minute finden Bob und Lichao die Lösung für alle Energieprobleme.

Sofort bekommt Lichao Anweisungen seines Vorgesetzten, die Entdeckung nur einseitig weiterzugeben.

Per umgeleiteten Laserstrahl senden Bob und Lichao ihre Entdeckung gleichzeitig an alle weltweiten Empfänger.

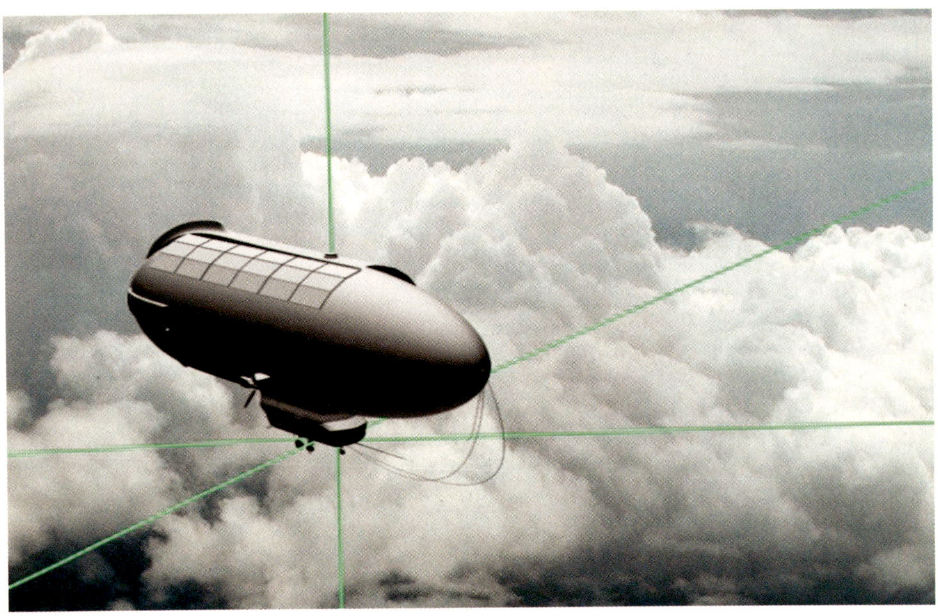

Ein Kommunikations-Zeppelin verbreitet die Laserinformationen in alle Richtungen.

Lichao informiert seine Regierung und fordert die Freilassung seiner Frau.

Erleichtert wagen Lichao und Bob einen Ausblick in die Zukunft.

Juan deutete auf ein Personenprofil von Georginas Vater, das über dem fünfeckigen Holodesk erschienen war.
»Er ist vorbestraft wegen unerlaubten Eindringens in öffentliche Netze. Kann es vielleicht sein, dass er es war, der sich in das System gehackt hat?«
Georgina erschrak. »Nein, er war es nicht! Ehrlich!«
»George, ich fürchte, du bist befangen. Ich muss dich bitten, dich ab sofort aus der Sache herauszuhalten. Wo ist dein Vater jetzt?«
»Ich ... ich weiß es nicht.«
»Na schön, wenn du nicht mitspielen willst, finden wir es auch anders heraus.« Er sprach in die Richtung des Holodesk. »Zentrales Sicherheitssystem. Personensuche. Personalidentifikationsnummer 1985-G-58322-771, John Gater.« Auf einem 2D-Feld an der Wand erschienen in rasender Abfolge Bilder von verschiedenen öffentlichen Plätzen. Die Überwachungskameras der Stadt versuchten, Georginas Vater zu identifizieren. Während Juan, Dr. Harris und die anderen auf die Bildschirme starrten, verließ sie leise den Raum.

»John! Mensch, das gibt's doch nicht!« Jessica Norris sprang von ihrem Sessel hinter dem Empfangstresen der Bibliothek auf. Neben ihrem Holodesk stand ein altmodischer Schreibtisch aus Holz. Dahinter ragten Regale voller Bücher auf. Es roch nach Staub und Papier. Natürlich waren alle Druckwerke längst digitalisiert, aber man hatte sich entschlossen, die Originale aufzubewahren, um der Öffentlichkeit ein Gefühl dafür zu vermitteln, wie in früheren Zeiten Wissen gespeichert und verarbeitet worden war.
Jessica lief mit ausgebreiteten Armen auf John zu. »Das ist ja Ewigkeiten her!« Sie drückte ihn und trat einen Schritt zurück. »Und der junge Mann muss dein Enkelsohn Paul sein!« Sie strich über den Kopf des Jungen, was ihm offenbar unangenehm war.
Sie wandte sich wieder John zu. Ihre klaren Augen glitzerten. »Es ist doch kein Zufall, dass du ausgerechnet jetzt hier auftauchst, oder?«
John grinste verlegen. »Ich brauche deine Hilfe, Jessica.«
Ihre Augen wurden zu schmalen Schlitzen. »Warst du das? Tut mir leid, ich kann dich da nicht raushauen. Ich bin nicht mehr im Geschäft. Schon lange nicht mehr, das weißt du.«

»Jessica, ich wünschte, ich wäre derjenige, der dieses Durcheinander angerichtet hat. Aber ich fürchte, es ist viel schlimmer.« In aller Kürze erzählte er ihr von Pauls Begegnung mit Sharky und seinem Verdacht.
»Schöner Mist! Und die Leute von Citycom wollen die Systeme nicht runterfahren? Typisch! Wenn es nach diesen Fortschrittsaposteln geht, dann schaffen wir die Menschheit am besten schnellstmöglich ab und überlassen die Erde den Maschinen. Ich frage mich nur, wozu die eigentlich noch Backups machen.«
John zuckte mit den Schultern. »Wir müssen sie zwingen, einen System-Reset zu machen.«
»Wie willst du das anstellen?«
»Wir müssen die Rote Pille aktivieren.«
Jessica wurde blass. »Die Rote Pille? Das meinst du doch nicht ernst! Außerdem wird es nicht funktionieren. Die KIs von heute werden spielend damit fertig. Das gibt höchstens eine halbe Stunde Systemausfall, dann haben sie die Sache wieder im Griff – und wir beide sitzen für den Rest unseres Lebens hinter Sicherheitsglas!«
»Ich brauche nicht mehr als einen vorübergehenden Systemausfall. Das wird die Leute von Citycom davon überzeugen, dass der Angriff von vorhin noch nicht überwunden und ihr System ernsthaft krank ist. Dann bleibt ihnen nichts anderes übrig, als einen Reset zu machen.«
»Und wenn sie es nicht tun?«
»Dann haben wir Pech gehabt.«
»Du weißt, was sie mit uns machen werden«, sagte Jessica.
John nickte. »Wenn wir es nicht tun, Jess, dann werden wahrscheinlich Menschen sterben. Viele Menschen.« Er wandte den Kopf zu Paul, der mit blassem Gesicht zuhörte.
Jessica seufzte. »Ist eh ein verdammt langweiliger Job hier. Kein Mensch interessiert sich mehr für Bücher!«
»Hast du noch deinen Schlüssel?«
Jessica zog eine Augenbraue hoch. »Du vielleicht nicht?« Sie griff sich an den Hals und nahm eine dünne Goldkette ab, an der ein etwa drei Zentimeter langer, sechseckiger Kristall hing. John zog einen identischen Kristall, der an einem flachen Schlüsselanhänger befestigt war, aus der Hosentasche.

Jessica riss die Augen auf. »Du hattest ihn die ganze Zeit in der Hosentasche?«
John zuckte mit den Schultern. »Ich dachte mir, da fällt er weniger auf.«
»Was ist das?«, fragte Paul.
»Das ist ein Speichermedium«, sagte Jessica. »Dieser Kristall hat eine Speicherkapazität von ungefähr einem Terabyte. Aber nur ein Bruchteil davon ist beschrieben. Es ist nur ein Zugangsschlüssel darauf, der ein spezielles Programm im Citycom-Netz aktiviert.« Sie hielt den Kristall in den Lichtstrahl einer kleinen Leseleuchte, die auf dem alten Holzschreibtisch stand. Der Kristall glitzerte in allen Farben. Auf Jessicas Kleidung und Gesicht und an den Wänden der Bibliothek erschienen komplizierte bunte Muster.
»Ist ja ultra! So sehen Daten aus?«, fragte Paul.
Noch bevor Jessica etwas erwidern konnte, flog die alte hölzerne Eingangstür der Bibliothek auf. Georgina stürmte herein.
»Sie suchen euch!«, rief sie. »Ihr müsst verschwinden! Sofort! Sie werden gleich da sein!«
»Hallo George. Was ist denn los? Wer sucht uns?«, fragte John.
»Juan Lopez, mein Kollege. Er denkt, du steckst hinter dem Angriff.«
»Du hast ihm hoffentlich gesagt, dass das nicht stimmt.«
»Er glaubt mir nicht. Ich bin nicht mal sicher, ob ich es selbst glaube.«
»Wie kommt es, dass du vor ihnen hier bist?«
»Sie haben eine optische Suche gestartet. Durch das ganze Chaos waren die Aufzeichnungen der Sicherheitskameras lückenhaft, so dass sie deinen Weg nicht so leicht verfolgen konnten. Ich habe Paul über seinen Sicherheitslocator geortet.«
Paul griff sich an den Gürtel. Die kleine runde Scheibe hing dort an einer magnetischen Halterung – sein Mikrokopter. »Der Holofin! Aber ich hab ihn doch gar nicht eingeschaltet!«
John seufzte. »Den hatte ich vergessen. Er sendet deinen Aufenthaltsort natürlich auch dann, wenn du die Holoprojektion nicht aktivierst.«
»Zum Glück sind sie noch nicht auf die Idee gekommen, Pauls Aufenthaltsort mit deinem in Verbindung zu bringen«, sagte Georgina. »Jetzt verschwindet! Am besten tauchst du eine Zeitlang unter, bis die Situation aufgeklärt und

deine Unschuld bewiesen ist, Dad. Und du, Paul, kommst mit mir!«

»Ich kann hier jetzt nicht weg«, sagte John. »Ich habe noch etwas zu erledigen. Nimm den Jungen und geh nach Hause!«

»Ich will aber bei John bleiben!«, rief Paul.

Georginas Augen wurden zu schmalen Schlitzen, wie immer, wenn sie misstrauisch war. »Was hast du vor?«

»Besser, du weißt das nicht.« Er reichte seinen Kristall Jessica, die ihn in eine passende Öffnung ihres Holodesks schob. Sie drückte ihren eigenen Kristall in eine zweite Öffnung und legte ihre Hand auf die Identifikationsfläche.

»Bitte nennen Sie die Aktivierungssequenz«, sagte eine Stimme aus dem Holodesk.

»Ich nehme die Rote Pille«, sagte Jessica.

»Zugriff autorisiert. Nennen Sie die erste Kennwortsequenz.«

»Verdammt, was soll das? Wer sind Sie überhaupt?«, rief Georgina.

»Das ist Jessica, George. Eine alte Freundin. Jessica, das ist meine Tochter Georgina.«

Jessica lächelte. »Als ich Sie das letzte Mal sah, waren Sie drei Jahre alt.«

Georgina war nicht so leicht zu besänftigen. »Ich will jetzt wissen, was hier vorgeht!«

»John macht es wieder gut«, rief Paul. Er hatte Tränen in den Augen. »Bitte, Mam, lass ihn alles wiedergutmachen!«

»Dein Großvater ist nicht gerade ein Experte darin, Dinge wiedergutzumachen«, sagte Georgina. »Ich will jetzt verdammt noch mal wissen, was hier gespielt wird, John!«

»Hal«, sagte Jessica. »Alan Turing. Eliza.«

»Kennwortsequenz akzeptiert«, sagte die Stimme aus dem Holodesk. »Erwarte zweite Identifikation.«

»Du bist dran!«, sagte Jessica.

John ging zu dem Holodesk.

Georgina zog ihren Stunner. »Lass die Hände von dem Holodesk, Vater!« Sie hatte ihn noch nie Vater genannt. Sie meinte es wirklich ernst.

»Mrs. Gater«, sagte Jessica. »Ich versichere Ihnen, Ihr Vater wird …«

»Halten Sie die Klappe!«, schrie Georgina. »Ich kenne seine sogenannten

Freunde! Er wird die Stadt schon wieder ins Chaos stürzen und dafür im Gefängnis landen! Das werde ich nicht zulassen!«

John legte seine Hand auf die Identifikatorplatte. »John Gater«, sagte die Stimme. »Zugriff autorisiert. Nennen Sie Ihre Kennwortsequenz.«

»Das reicht!«, schrie Georgina.

»Nein, Mam!«, rief Paul. Er zog ihren Arm herab. Es gab ein zischendes und klackendes Geräusch, als der Abzug des Stunners gedrückt wurde und das Betäubungsgeschoss vom Boden der Bibliothek abprallte und in ein Bücherregal einschlug.

»Blade Runner«, sagte John.

Die Tür flog erneut auf, und ein Trupp Männer in schwarzen Sicherheitsanzügen und Helmen stürmte herein. »Alles auf den Boden!«, schrie einer von ihnen.

»Asimov.«

Ein greller Blitz, dann sah er nur noch bunte Punkte vor den Augen. Etwas traf ihn am Hals.

»Menschlichkeit«, stieß John hervor. Dann spürte er, wie seine Beine nachgaben.

»Kennwortsequenz akzeptiert«, sagte die Stimme des Holodesks. »Programm aktiviert.«

Die bunten Punkte wurden weniger, und John erkannte hoch über sich ein Stück der weißen Betondecke der Bibliothek und ein warm weißglühendes Leuchtfeld. Einer der schwarz gekleideten Männer beugte sich über ihn.

»John Gater, Sie sind verhaftet wegen des Verdachts der unerlaubten Manipulation von Computersystemen. Sie wurden vorübergehend neutralisiert. Sie haben das Recht, die Aussage zu verweigern. Sofern Sie nicht von diesem Recht Gebrauch machen, kann alles, was Sie sagen ...«

John wurde schwarz vor Augen. Ein Durcheinander aus aufgeregten Rufen, begleitet von lautstarkem Fluchen, ließ ihn aber nach ein paar Sekunden begreifen, dass er nicht ohnmächtig geworden war.

»Was ist los, zum ...«

»...dammt, schon wieder ein Systemausf...«

»... habe den Mistkerl doch neutralisiert ...«

»... zu spät ...«

»Statusreport! Ich brauche dringend einen ...«

Das Licht flackerte und flammte wieder auf. John konnte nicht einmal blinzeln, geschweige denn seine juckenden Augen bewegen. So sah er nur aus den Augenwinkeln Männer durch den Raum huschen.

»Gott sei Dank, Citycom hat es wieder im Griff«, rief jemand.

»Quatsch, das ist nur der Notstrom«, sagte ein anderer.

»Ich habe keinen Kontakt zur Zentrale mehr, Sir! Das System ist ...«

»Ruhe!«, brüllte jemand. John glaubte die markante Stimme von Juan Lopez zu erkennen, die er ein- oder zweimal über den Kommunikator in Georginas Wohnung gehört hatte. »Der nächste, der ohne meine ausdrückliche Aufforderung auch nur einen Ton sagt, bekommt ein Disziplinarverfahren an den Hals! Sergeant Li, gibt es Verletzte?«

»Nein, Sir. Nur Mr. Gater, gestunnt.«

»Georgina, würdest du mir bitte erklären, was hier los ist und wieso du überhaupt hier bist?«

»Ich habe nur versucht, meinen Vater daran zu hindern, dass er ...«

»Vielleicht kann ich die Situation aufklären«, sagte Jessica ruhig.

»Und wer sind Sie, bitte?«

»Mein Name ist Jessica Norris. Ich bin die Leiterin der Stadtbibliothek.«

»Okay, Mrs. Norris. Was ist hier passiert?«

»John kam zu mir, um ...«

»Sie kennen den Verdächtigen persönlich?«

»Er ist ein guter Freund von mir.«

»Dann muss ich Sie darauf aufmerksam machen, dass Sie ebenfalls zum Kreis der Verdächtigen gehören. Sie haben das Recht, die Aussage ...«

»Schon gut, ich kenne meine Rechte. John und ich haben ein Virus im Citycom-System aktiviert.«

Einen Moment lang sagte niemand etwas.

»Wie ist das möglich?«, fragte Georgina schließlich. »Wie sind Sie von hier aus in das Sicherheitssystem gelangt? Sie haben doch keinen Sicherheitsstatus, oder?«

»Nein«, sagte Jessica. »Das war auch nicht nötig. Ich musste das Virus nicht in das System schleusen. Es war schon drin. Und zwar seit mehr als zwanzig Jahren.«

John wünschte sich, sie würde die ganze Sache nicht ausplaudern. Nicht hier, wo die KIs ihr zuhörten. Aber es gab absolut nichts, was er tun konnte, um seine alte Weggefährtin daran zu hindern.

»Mach dir keine Gedanken, John«, sagte Jessica, als wäre sie eine Telepathin. »Sie hätten es sowieso herausgefunden.«

»Seit mehr als zwanzig Jahren? Was soll das heißen?«, fragte Lopez.

»John und ich gehören zu einer Gruppe von besorgten Menschen, die sich Gedanken um die Zukunft der Menschheit machen. Wir haben vor langer Zeit beschlossen, dass die Menschen ein letztes Ass im Ärmel brauchen, falls die Maschinen eines Tages rebellieren. Deshalb haben wir die Rote Pille geschaffen. Ein extrem aggressives Virus, das speziell dafür entworfen wurde, die neuronalen Netzstrukturen von KIs anzugreifen und ihre Immunsysteme außer Kraft zu setzen. Wir haben ein paar alte Trapdoors genutzt und den Code tief in die Strukturen des Sicherheitssystems eingewoben, wo er seitdem auf seine Aktivierung gewartet hat. Wir haben es so eingerichtet, dass nur zwei von uns gemeinsam den Code aktivieren können, damit nicht irgendwann einer durchdreht und die Welt ins Chaos stürzt, nur weil er schlechte Laune hat.«

»Das ist doch alles Blödsinn«, rief einer von Lopez' Leuten. »Wenn die Maschinen wirklich eines Tages nicht mehr tun, was wir von ihnen wollen, brauchen wir doch bloß den Strom abzuschalten!«

»Ach ja?«, sagte Jessica. »Stellen Sie sich das so einfach vor? Eine KI läuft nicht irgendwo auf einem lokalen Netzknoten. Sie sind alle über das gesamte Netz verteilt. Um sie vollständig zu deaktivieren, müssten Sie auf der ganzen Welt den Strom abschalten. Sämtliche Kraftwerke weltweit vom Netz nehmen. Selbst wenn Ihnen irgendwie das Kunststück gelänge, die automatischen Sicherungssysteme aller Stromnetze zu überwinden und alle Notstromaggregate zu deaktivieren – was wären die Konsequenzen für die Menschen, die auf diesen Strom angewiesen sind? Wie viele von ihnen würden bei einem totalen globalen Stromausfall sterben? Glauben Sie, dass diese Menschen tatenlos zusähen?«

Der Polizist antwortete nicht.

»Fahren Sie fort«, sagte Lopez, nun deutlich respektvoller.

»Wir haben also diesen Virus in den Netzen verankert, damit wir eine Möglichkeit haben, die KIs zu zerstören, falls sie sich gegen uns wenden. Aber es hat nicht funktioniert. Wir haben bald gemerkt, dass es unmöglich ist, alle KIs mit einem einzigen Virus vollständig zu zerstören, egal, wie raffiniert er konstruiert ist. Und mit jedem Tag, den sie sich autonom weiterentwickeln, wird es schwieriger. Wir können ihnen vielleicht ein bisschen weh tun, mehr aber auch nicht.«

»Warum haben Sie dann den Virus aktiviert?«, fragte Georgina.

Jessica erzählte es ihnen.

Das Licht flackerte, und es wurde wieder dunkel. Eine männliche, leicht nervöse und eindeutig menschliche Stimme ertönte: »Hier spricht Citycom. Aufgrund einer technischen Störung müssen wir leider für sämtliche Steuerungssysteme einen außerplanmäßigen System-Reset durchführen. Es besteht kein Grund zur Beunruhigung. Bitte verhalten Sie sich ruhig, und bleiben Sie, wo Sie sind. Die Systeme werden in wenigen Minuten wieder einsatzfähig sein. Wir, äh, entschuldigen uns für die Unannehmlichkeiten.«

Ein paar Minuten herrschte Schweigen. Dann schaltete sich die Beleuchtung wieder ein.

»Er hat es geschafft!«, rief Paul. »Er hat die Stadt gerettet! Mein Großvater!« Er rannte zu John, beugte sich über ihn und drückte ihn.

Juan Lopez trat neben Paul. »Mr. Gater, Sie haben gegen so ziemlich sämtliche Paragraphen des Gesetzes zum Schutz der Informationsintegrität verstoßen. Außerdem sind Sie bereits wegen einschlägiger Vergehen vorbestraft. Die Vorschriften sind da ziemlich eindeutig.«

Paul und Georgina sahen ihn erschrocken an.

Er grinste breit. »Ich pfeif auf die Vorschriften! Die Aufzeichnungen dessen, was Sie getan haben, wurden gerade gelöscht. Wenn es nach mir geht, braucht niemand zu erfahren, was hier passiert ist!« Er wurde ernst. »Was immer es war, das in das Stadtsystem eingedrungen ist, wird es vielleicht wieder versuchen. Ich hoffe sehr, dass Sie und Mrs. Norris uns dann helfen werden.«

»Ich muss mich bei dir entschuldigen, Dad«, sagte Georgina etwas später in einem vertraulicheren Moment. »Ich habe dir misstraut. Das tut mir leid. Paul und ich würden uns freuen, wenn du wieder bei uns wohnst. Ich werde auch nicht mehr schimpfen, wenn dein alter Schrotthau... ich meine, wenn Asimo noch mal den Couchtisch zertrümmert oder eine Vase umschmeißt. Außerdem erteile ich dir hiermit die Erlaubnis, die Computersysteme in unserer Wohnung zu manipulieren, sooft und soviel du willst. Na ja, bis auf den Kühlschrank vielleicht. Und natürlich den Herd. Auf keinen Fall bastelst du mir wieder am Herd herum, okay?«

John versuchte zu grinsen, aber seine Mundwinkel waren noch immer gelähmt und zuckten nur leicht.

Leben am elektronischen Tropf

In unserer zweiten Episode steht eine Großstadt kurz vor dem Datengau. Realer Hintergrund dieser Geschichte von übermorgen ist die zunehmende Vernetzung unserer heutigen Welt, die durch das exponentielle Wachstum der Computertechnologie mit hoher Geschwindigkeit vorangetrieben wird.

Gordon Moore hat 1965 die Beschleunigung des technischen Fortschritts in eine Regel gefasst, die erstaunlicherweise seit über vierzig Jahren gültig ist: Nach dem Mooreschen Gesetz verdoppelt sich die Komplexität integrierter Schaltungen, beispielsweise von Computerchips, alle achtzehn Monate. 1965 fasste ein Chip bestenfalls 64 Transistoren, heute besteht ein Montecito-Prozessor aus 1,72 Milliarden Schaltelementen.

Die zunehmende Integrationsdichte erfordert immer kleinere Strukturgrößen: Während die Abstände der einzelnen Leitungen eines Chips heute etwa 65 nm betragen, soll dieser Wert bis 2013/14 auf 16 nm schrumpfen. Zum Vergleich: Der Durchmesser eines menschlichen Haars beträgt 80000 nm, der eines roten Blutkörperchens ungefähr 7000 nm und der eines Grippevirus ca. 100 nm. Mit der zunehmenden Integrationsdichte steigt auch der Grad der Miniaturisierung. Je kleiner die Zwergencomputer werden, desto günstiger können sie auch sein. Dieser technische Fortschritt wiederum erlaubt es, einen immer größer werdenden Teil unserer Umwelt in die Vernetzung mit einzubeziehen. Unterstützt und verstärkt wird diese Entwicklung von unserem beständig wachsenden Wunsch nach Bequemlichkeit, der sich auch im Kaufverhalten widerspiegelt. Handy und Internet sind leuchtende Beispiele. Mitte der neunziger Jahre wurden Mobiltelefone von vielen Menschen noch mit Skepsis betrachtet, inzwischen sperrt sich kaum jemand mehr gegen ein handliches, tragbares Gerät, das ihn innerhalb von Sekunden mit der Welt verbindet. Daher dürften wir wohl kaum der Verlockung widerstehen können, unsere Umwelt so intelligent wie möglich werden zu lassen: Nie mehr nach dem Schlüssel suchen, das befleckte Hemd meldet sich von allein zum Waschgang, das Verfallsdatum der Milch veranlasst den Lieferanten, sie ohne unser Zutun zu ersetzen. Und auch außerhalb des Hauses würde unser Leben angenehmer und sicherer. Das Auto der Zukunft kann denken und mit anderen Autos kommunizieren, vielleicht fährt es in fünfzig Jahren selbständig.

Unfälle, Staus – alles passé. Unser Alltag wäre stressfreier und perfekt organisiert, bis zum ersten Anwendungsfehler, bis zum ersten Systemabsturz. Motorisierte Türen, auf kein Kommando mehr reagierend, blieben verschlossen. Die automatisierte Lebensmittelversorgung käme zum Erliegen. Unser vernetztes Leben könnte ohne Netz ins Wanken geraten. Ein Alptraum oder in fünfzig Jahren Realität?

Die folgenden Kapitel nehmen die Stadt der Zukunft wissenschaftlich unter die Lupe. Was sind die Vorteile eines zentral gesteuerten Versorgungs- und Verkehrssystems? Wo liegen die Gefahren, und wie können wir diese in den Griff kriegen? Welche Auswirkungen hat die Vernetzung auf das soziale Leben in den Städten von morgen? Nach demografischen Prognosen werden die Bevölkerungszahlen in Europa und China dramatisch ab- und das Durchschnittsalter der Menschen zunehmen. Jeder Dritte ist über sechzig Jahre alt, jeder Zehnte über achtzig. Die Städte von morgen werden ein neues Gesicht haben – Herausforderung und Chance zugleich für die Architekten der Zukunft.

Wir werden immer weniger – Schrumpfende Städte

Im unserer Zukunftsgeschichte geht Paul noch in die Schule – genauso wie die Kinder im Jahr 2007. Viele seiner Altersgenossen werden jedoch zu Hause vor dem Computer lernen. In fünfzig Jahren wird es einfach zu wenig Nachwuchs geben, um klassische Schulen zu füllen. Vor allem auf dem Land werden die Schulwege immer länger, so dass in einigen Jahrzehnten der Unterricht per Konferenzschaltung am Bildschirm abgehalten werden dürfte.

2057 würde die Mathematikstunde dann so aussehen: Um neun Uhr morgens sitzt der Lehrer in seinem Büro und sendet einen Bogen mit Rechenaufgaben per Datenleitung an alle Schüler. »Pia, kannst du uns die erste Aufgabe vorrechnen«, fragt er. Auf dem Monitor erscheint ein blondes Mädchen und beginnt auf seinem mit Sensoren ausgestatteten Bildschirm zu rechnen. Zwanzig Mitschüler hören und sehen zu – allerdings sitzen sie nicht in der Schulbank neben Pia, sondern zum Teil viele Kilometer entfernt.

In Finnland hat diese Zukunft bereits begonnen. Die Menschen im hohen Norden wissen, wie man ein großes Land mit wenigen Bewohnern organisiert. Fünf Millionen Menschen leben auf einer Fläche, die in etwa so groß ist wie die Bundesrepublik Deutschland. Der Computer ersetzt hier vieles: den Gang zum Amt, den Arztbesuch, die Kneipe um die Ecke. Mehr als zwei Drittel aller Finnen nutzen regelmäßig das Internet. »Small is beautiful« – in Finnland ist klein tatsächlich schön. Die Wirtschaft boomt, beim Pisa-Test erzielt das Land Bestnoten. Neiderfüllt reist deshalb so mancher deutsche Politiker gen Norden, um zu lernen. Das hässliche Wort von der Schrumpfung verliert in Finnland einiges von seinem Schrecken.

Wirtschaft und Politik versuchen sich auf eine unabwendbare Entwicklung einzustellen: Die Einwohnerzahl in Deutschland wird rapide abnehmen. Nicht sofort, aber ganz sicher im Verlauf der nächsten fünfzig Jahre. Denn schon heute zählt die Geburtenrate hierzulande zu den niedrigsten in der Welt. Bei uns fehlen die Kinder, nur durch Zuwanderung aus dem Ausland kann der demografische Abwärtstrend zurzeit noch abgebremst werden.

Deindustrialisierung heißt ein Phänomen, das seit einigen Jahren die westlichen Industrieländer heimsucht. Wer vor zwei Jahren die Ausstellung »Shrinking Cities«

in Berlin besucht hat, konnte eine überraschende Entdeckung machen: Detroit hat ähnliche Probleme wie Manchester. In Liverpool machen sich Stadtplaner dieselben Gedanken wie in Leipzig. Über vierhundert Städte sind im vergangenen Jahrzehnt nachhaltig geschrumpft. Dabei ist der Begriff Schrumpfung eigentlich irreführend. Denn die Fläche der Städte wird ja nicht kleiner, lediglich die Zahl der Bewohner nimmt immer weiter ab. Den Zurückbleibenden geht es so ähnlich wie der Witwe, die nach dem Tod des Ehemannes und dem Auszug der Kinder plötzlich allein in einem riesigen Haus sitzt. Irgendetwas stimmt nicht mehr – im Haus genauso wie in der Stadt.

Anfangs sind es nur ein paar Wohnungen, die leer stehen. Kaputte Fensterscheiben signalisieren, dass hier niemand mehr wohnt. Mit den Jahren veröden ganze Straßenzüge. Unkraut und Unrat breiten sich aus. Wer es sich leisten kann, zieht fort. In Detroit etwa leben inzwischen 80 Prozent der Bevölkerung in den Suburbs, und man beginnt, selbst die Toten aus der Innenstadt umzubetten. Die Abwärtsspirale beschleunigt sich. Ganze Stadtviertel werden zu verbotenen Zonen, die Kriminalität nimmt zu. »Was tun?« war die Frage beim internationalen Ideenwettbewerb »Shrinking Cities«.

Eine Gruppe von Londoner Architekten, Landwirten und Choreografen gab eine ungewöhnliche Antwort. Mitten in Liverpool setzten sie eine Herde Kühe aus. Fast zwei Wochen weideten die Tiere zwischen trostlosen Reihenhauszeilen und verfallenden Industriebrachen. »Anfangs begegneten uns die Nachbarn überrascht und mit Zurückhaltung, später waren sie begeistert«, erzählt Mitorganisator Eike Sindlinger. Nicht nur die Kinder, auch die Erwachsenen seien regelmäßig vorbeigekommen, um den Kühen zuzusehen und beim Melken zu helfen. Zurzeit läuft der Antrag, in dem Gebiet einen Stadtbauernhof zu errichten. Ungewöhnliche Ideen sind gefragt, um den Verfall aufzuhalten. Die Schrumpfungsforschung bleibt eine Wachstumsbranche.

Gesundschrumpfen – das ist ein Begriff, an den wir uns erst langsam gewöhnen müssen, denn jahrzehntelang wurde Politik in Deutschland nach dem Motto »Wachsen oder Weichen« betrieben. Pendlerpauschale und Eigenheimzulage sorgten dafür, dass sich die Städte immer weiter ausdehnten. In Ostdeutschland wurde nach dem Beitritt alles ein paar Nummern zu groß geplant: Gewerbegebiete und Wohnviertel, Einkaufszentren, Kläranlagen und Straßen. »Die Stadtverwaltungen entwarfen und investierten, als müssten sie ihren Glauben an eine bessere Zukunft auf den Reißbrettern beweisen«, schreibt Elisabeth Niejahr in der »Zeit«.

Heute stehen in Ostdeutschland rund eine Million Wohnungen leer. In vielen Städten herrscht die Abrissbirne. Doch mit dem Abriss allein ist es nicht getan, denn wenn immer weniger Menschen duschen, waschen und spülen, fließt nicht mehr genug Wasser durch die Abwasserleitungen. Die Rohre verkeimen und wachsen zu. Übelriechende Schwefeldämpfe steigen auf. In vielen Regionen werden die Leitungen deshalb regelmäßig mit Frischwasser gespült. Insgesamt kostet der Rückbau Ost mehrere Milliarden Euro. Die Welt zerfällt nicht nur in Arm und Reich, sondern auch in Schrumpf- und Boomregionen. Während das Berliner Zentrum wächst, veröden direkt nebenan in Brandenburg ganze Regionen. Auch den Westen hat die Schrumpfung erfasst. Mit dem Emscher Landschaftspark legt sich das Ruhrgebiet ein grünes Rückgrat zu und schafft Ersatz für leerstehende Häuser und stillgelegte Zechen. Wo der Linienverkehr nicht mehr lohnt, bringt ein Rufbus die Menschen ans Ziel. Für die Fahrgäste ist das praktisch. Sie zahlen Buspreise und werden trotzdem bis vor die Haustür gefahren. Auch die Gemeinden sparen: Bei sinkenden Fahrgastzahlen ist das System günstiger als der klassische öffentliche Personennahverkehr.

Lange Zeit haben Ökonomen nur hohe Kosten und fehlende Gewinne beklagt, neuerdings entdecken sie auch die positiven Seiten der Schrumpfung. Dass weniger tatsächlich mehr sein kann, wird deutlich, wenn man sich anguckt, was Schrumpfung im Kleinen bedeutet. Wenn eine Familie nicht mehr vier oder fünf Sprößlinge großzieht, sondern nur noch ein oder zwei Kinder, dann steht für jeden mehr zur Verfügung: mehr Aufmerksamkeit, mehr Spielzeug, eine bessere Ausbildung. »Wir werden vermutlich etwas weniger Geld für Autos und Immobilien ausgeben«, sagt Bert Rürup, Professor für Volkswirtschaft und Vorsitzender des Rats der Wirtschaftsweisen. »Dafür investieren wir mehr in Pflege und Gesundheitsleistungen.«

Ohnehin ist das Altern der Gesellschaft eine viel größere Herausforderung als die Schrumpfung. Die Amerikaner hingegen machen sich bereits Gedanken darüber, ob ein schrumpfendes Europa auf Dauer ein verlässlicher Partner sein kann. »Zurückgehende Geburtenraten bedeuten zwangsläufig kleinere Armeen«, schreibt Peter G. Peterson, der Vorsitzende eines großen amerikanischen Thinktanks. Doch was den Amerikanern Sorge bereitet, könnte unsere Chance sein. Warum sollten die Kosten für eine alternde Gesellschaft nicht auch aus dem Verteidigungsetat bestritten werden, fragt die Journalistin Niejahr. Heute klingt es wie eine Utopie, aber unmöglich ist es nicht: Der Bundeswehretat sichert das gesunde Altern und Schrumpfen der Nation. 2057 würde es dann in Deutschland zwar weniger Menschen geben als heute. Vielen jedoch ginge es besser als bisher. Allerdings bleibt die wichtigste Zutat des Lebens unersetzt: Kinder.

Eingesponnen im digitalen Netz – Leben mit Technik

Paul wohnt noch in einem alten Backsteinhaus aus dem letzten Jahrhundert. Sobald er jedoch auf dem Schulweg die Innenstadt durchquert, erinnert kaum noch etwas an die Architektur von vorgestern. Neue Materialien verwandeln die Häuserfassaden in Computerdisplays. Auf jeder Wand läuft ein anderes Programm – die meisten senden Werbung. Doch auch Tierfilme sind äußerst beliebt. Für die modernen Großstadtmenschen scheinen die Bilder von einem fernen Planeten zu stammen, denn die Natur ist komplett aus der Stadt verschwunden. Nur Filme, Formen und Farben erinnern hier daran, dass es auch noch andere Lebewesen auf dem Planeten Erde gibt. Im Jahr 2057 entwerfen die Architekten Häuser und Skylines, die Tieren und Landschaften nachempfunden sind. Die Holo-Delfine der Kinder erinnern an eine längst ausgestorbene Spezies.

Die größte Veränderung jedoch ist für das bloße Auge unsichtbar: Die ganze Stadt verbindet ein riesiges Netzwerk. Alles, was geht, steht oder fährt, kommuniziert über drahtlose Datenströme miteinander. Eine zentrale Schaltstelle hält alles zusammen. Die Citycom steuert die gesamte Stadt: Feuerwehr- und Polizeieinsätze, die Energieversorgung, Müllentsorgung und den gesamten Straßenverkehr. Die Autos der Zukunft sind nicht nur mit der Zentrale, sondern auch untereinander vernetzt. Sensoren spüren, wenn der Abstand zwischen zwei Fahrzeugen zu klein wird. Sie erkennen Hindernisse und bremsen vollautomatisch. Das Lenkrad bewegt sich, wie von Geisterhand gesteuert. Noch können zwar alle Autos auf manuelle Fahrweise umgestellt werden, in der Realität jedoch tut das niemand. Die meisten Menschen haben das Fahren längst verlernt. Wie Georgina Gater lassen sie sich von intelligenten Fahrzeugen an ihr Ziel bringen. Während der Fahrt surfen sie im weltweiten Datennetz, erledigen Besorgungen oder unterhalten sich endlich mal in Ruhe mit Freunden und Bekannten. Winzige Computerchips in Uhren, Brillen und Kleidung machen den Kontakt zur Welt überall und jederzeit möglich.

Das neue Verkehrssystem ist äußerst erfolgreich. Die Unfallzahlen sind drastisch gesunken – zumal der Verkehr fast völlig aus dem Stadtbild verschwunden ist, denn die großen Autobahnen verlaufen unterirdisch. Doch auch 2057 kommt es hin und wieder zu Zusammenstößen. Passiert ein Unglück, schickt die Citycom sofort einen Rettungswagen zum Unfallort. Verkehrshinweise leiten den Autostrom um. Bei größeren Störungen erhöht die Zentrale vollautomatisch den Takt der U-Bahnen im Umkreis und stellt die nötige Energiemenge zur Verfügung. Die Autos kommunizieren nicht nur miteinander, sondern auch mit der Wohnung des Besitzers. Wenn es daheim an der Tür klingelt, erscheint im Auto ein Zeichen auf dem Display. Der Fahrer sieht, wer zu Besuch kommt. Er kann sich mit seinem Gast unterhalten, und wenn er möchte, öffnet er Freunden und Bekannten vom Wagen aus die Haustür. Auch Gastgeberpflichten lassen sich bequem aus dem weit entfernten Auto erledigen. Auf dem Display erscheint ein Abbild des Hauscomputers. Ein Druck auf den Touchscreen, und schon steigt die Temperatur zu Hause auf angenehme 21 Grad. Ein weiterer Druck, und der Küchencomputer bereitet einen Cappuccino zu.

Jedes Haus ist ein Knotenpunkt im virtuellen Netz der Stadt. Der zentrale Hauscomputer befindet sich meistens in der Küche. Er vernetzt die einzelnen Zimmer, Wände, Heizung und Möbel miteinander. Sobald eine bekannte Person die Wohnung betritt, schaltet das Haus eine gewünschte Musik ein. Pauls Großvater zum Beispiel steht noch immer auf Hip-Hop. Doch sobald Georgina vor der Tür steht, ist Schluss mit dem Krach. Der Hauscomputer schaltet die veralteten Klänge ab – so haben es die Gaters programmiert. Das intelligente Haus weiß jederzeit, wer sich gerade wo befindet. Es dimmt das Licht, so wie es den Bewohnern gefällt, und regelt die Temperatur. Die Displays in allen Räumen haben flexible Funktionen. Während der Backofen das Essen zubereitet, guckt Georgina im Wohnzimmer einen Krimi ihrer Wahl. Sobald der Braten gar ist, unterbricht das Programm den Film und ruft Georgina in die Küche.

Dass ausgerechnet am Sonntagmorgen der Frühstücksschinken aus Tierersatzstoffen ausgeht, kommt in fünfzig Jahren nicht mehr vor. Eigenständig managt der Kühlschrank die Lebensmittelvorräte. Er schreibt elektronische Einkaufslisten, die der Bewohner bei Bedarf ergänzen kann, und bestellt rechtzeitig im Internet. Klassische Supermärkte wird es 2057 in den Städten nicht mehr geben. Ein Bringservice liefert die Waren an, Roboter füllen den Kühlschrank auf. Zu Beginn des neuen Jahrtausends hat diese Entwicklung gerade begonnen. Der Internethandel boomt. Die ersten Waschmaschinen, Kühlschränke und Mikrowellen kommunizieren mit dem World Wide Web. Espressomaschinen laden sich Updates herunter und die neuesten Kaffeerezepte. Auch Waschmaschine und Wäsche verwalten sich autonom. Alle Kleidungsstücke enthalten einen Computerchip. Er ist nicht dicker als ein Wollfaden und signalisiert der Maschine, wie die Wäsche gewaschen werden soll. Sollte ein unachtsamer Mensch doch einmal die rote Socke zu den weißen Jeans werfen, holt der Roboterarm das Kleidungsstück sofort wieder aus der Trommel.

Die allgegenwärtige Technik macht das Leben in den Wohlstandsinseln der Welt angenehm. Doch sie birgt auch Gefahren, denn die Menschen werden immer abhängiger. »Auch in der Zukunft wird die Technik nicht unfehlbar sein«, sagt der Physikprofessor und Zukunftsforscher Michio Kaku. Allein im vergangenen Jahr sei die Wahrscheinlichkeit, dass es irgendwo auf dem Globus zu einem katastrophalen Datenzusammenbruch kommt, um 400 Prozent gestiegen. »Die Schäden können leicht über 100 Milliarden Dollar kosten«, warnt der Wissenschaftler. Bei einem solchen regionalen oder gar globalen Computercrash würde wertvolles Wissen für immer vernichtet. Unzählige Daten, Zahlen und Fakten verschwänden im virtuellen Nirwana, denn immer mehr Menschen verlassen sich darauf, dass digitale Speicher auf Dauer funktionieren. Doch das ist ein Trugschluss. Computer und Internet sind nicht für die Ewigkeit ausgelegt.

Wenn es um die Haltbarkeit von Daten geht, waren unsere Vorfahren uns weit voraus. Die ältesten Höhlenmalereien stammen aus der Steinzeit und haben mehr als dreißigtausend Jahre überdauert. Auch das aus Tierhäuten gefertigte Pergament hält Jahrtausende. Modernes Papier dagegen schafft kaum einhundert Jahre. Je moderner die Technik, desto kürzer ihre Lebensdauer. Digitale Daten veralten besonders schnell. Eine Computerdiskette zum Beispiel tut nur fünf bis zehn Jahre ihren Dienst. Will man die Informationen darauf retten, reicht es allerdings nicht, nur die Diskette aufzubewahren. Man braucht auch die dazugehörige Hard- und Software. In zahlreichen Firmen und Instituten lagern heute noch Floppy Discs mit wertvollem Inhalt, doch die modernen Computer können nichts mehr damit anfangen. Und die Dinosaurier des digitalen Zeitalters, die Amigas, Ataris und Commodores, sind längst ausgestorben. Immer schneller schreitet die digitale Evolution voran. Die Nachfolger von CD und DVD sind bereits auf dem Markt. Doch auch die Blu-rays wird es 2057 allenfalls noch im Technologiemuseum geben – und bei Nostalgikern wie John Gater.

Seit dem Ende des vergangenen Jahrtausends erkennt die Menschheit langsam, wie gravierend das Problem ist. In Nationalbibliotheken und Archiven werden wertvolle Daten immer wieder umkopiert. Von Generation zu Generation wächst der Datenberg. Ein Prozess, der schnell an seine Grenzen stößt. Fieberhaft suchen Wissenschaftler deshalb nach ganz neuen Speichermedien. Quarzkristalle gehören zu den Favoriten. Mit einem Laser lassen sich holografische Muster in die dreidimensionale Oberfläche brennen. Die wichtigsten Anforderungen erfüllt der Speicher: Er ist klein und langlebig. Besonders wichtige Daten werden 2057 in solche Kristalle eingebrannt – zum Beispiel die genaue Organisationsstruktur der zentralen Schaltstelle Citycom.

Zwar nutzt jeder Bewohner der Stadt das Datennetz, doch niemand ist auch nur mehr annähernd in der Lage, die komplexe Technik vollständig zu durchschauen. Die Mitarbeiter der Citycom überblicken jeweils nur einen kleinen Ausschnitt des virtuellen Netzes. Meistens schaffen es die Systemadministratoren dennoch, Viren und Hackern einen Schritt voraus zu sein. Doch absolute Sicherheit gibt es nicht. In unserer Geschichte bringt die Unachtsamkeit eines kleinen Jungen das gesamte System zum Absturz. Die Folgen sind verheerend: In der gesamten Stadt fällt der Strom aus. Die Verkehrssteuerung funktioniert nicht mehr. Im Krankenhaus bleiben die Organdrucker und OP-Roboter einfach stehen. Brandmelder schalten Sprinkleranlagen ein, obwohl es überhaupt nicht brennt. Die gesamte Stadt spielt verrückt. Und besonders konfus verhalten sich die Menschen. Statt ihre Autos manuell von der Straße zu steuern, steigen sie auf der Autobahn einfach aus. Ohne die Citycom sind sie hilflos wie kleine Kinder. Der Crash im Jahr 2057 macht den Menschen deutlich, wie verletzlich sie sind, während sie sich eigentlich doch so sicher im Schoß der Technik geborgen wähnen.

Tollkühne Männer in automatischen Kisten – Das denkende Auto

Langsam, fast bedächtig setzt sich das kleine, tonnenförmige Fahrzeug in Bewegung. Einige hundert Zuschauer in der Speedway-Arena im kalifornischen Fontana beobachten gebannt, wie es vorsichtig die Rennstrecke entlangtuckert und sachte die Kurven nimmt. Offenbar geht hier das langsamste Autorennen der Welt über die Bühne. Aber das wenig halsbrecherische Tempo ist nicht verwunderlich: Die Rennautos bei der DARPA Grand Challenge 2004 werden weder von Fahrern noch per Fernsteuerung gelenkt: Sie müssen selbständig fahren, den Weg selber finden, Hindernisse erkennen, alle Entscheidungen eigenständig treffen.

Das pummelige Geländefahrzeug mit der Nummer 13 steht gerade vor einer solchen Entscheidung: Ist das querstehende Schrottauto vor ihm nun ein Hindernis oder nicht? Minutenlang steht das Fahrzeug da, scheinbar grübelnd. Dann aber beschließt es: Kein Hindernis! Nummer 13 gibt Gas und knallt mit Wucht in den verbeulten Cadillac.

Wie peinlich – und das war erst die Qualifikation. Der eigentliche Wettkampf ein paar Tage später wurde ein noch schlimmeres Desaster: Was von der DARPA, dem Forschungszweig des Pentagon, als 150-Meilen-Rennen durch die Mojawe-Wüste geplant war, endete für die meisten Teilnehmer direkt nach dem Start. Reihenweise blieben die autonomen Rennwagen stehen, knallten in die Leitplanken, kullerten eine kleine Böschung hinab. Das erfolgreichste Fahrzeug schaffte sieben Meilen, bevor es rauchend am Wegrand stehenblieb.

Dem grandiosen Scheitern war aber auch eine extrem schwierige Aufgabenstellung vorangegangen. Studentengruppen, Hobbybastler, sogar Schul-AGs sollten das schaffen, woran die Entwicklungsabteilungen der Rüstungskonzerne bislang kläglich gescheitert waren: dem Militär ein Fahrzeug zu bauen, das ohne menschliche Mithilfe in Feindgebiet herumfahren kann.

Die zweite DARPA Grand Challenge achtzehn Monate später verlief bereits erfolgreicher: Ganze drei Fahrzeuge bewältigten die knapp 130 Meilen, Sieger wurde das Team der Stanford University in einem modifizierten VW Touareg. Aber warum ist das Autofahren für einen Roboter so verdammt schwer?

»Ein Mensch kann fast gleichzeitig einen Gegenstand sehen, erkennen und sein

Verhalten richtig interpretieren«, sagt Doktor Markus Maurer. »Für einen Computer ist das alles noch eine nahezu unlösbare Aufgabe.«
Maurer muss es wissen, denn er entwickelt für die Audi AG Fahrerassistenzsysteme. Systeme also, die ein Auto mit Computerhilfe in der Spur halten, genügend Abstand zum Vordermann wahren, bei Gefahr automatisch bremsen. Damit tut er etwas, was Autofahrer eigentlich gar nicht so gern haben: »Autofahrer verstehen überhaupt keinen Spaß, wenn sie bevormundet werden«, beschreibt Maurer eine der größten Schwierigkeiten in seinem Job. »Schließlich sollen die Assistenzsysteme dem Fahrer eines Tages in Notsituationen die Kontrolle über seinen Wagen wegnehmen, nach dem Motto: Entschuldige mal, ich weiß das jetzt besser als du und bremse mal lieber.«
Kein Autokonzern kann es sich heute leisten, diese Entwicklung zu verschlafen. Und im Wesentlichen benutzen die Entwickler dieselben Technologien, mit denen die autonomen Fahrzeuge bei der DARPA Grand Challenge durch die Wüste zockelten: Radar, Infrarotsensoren, Stereokameras, GPS-Systeme, Hochleistungsrechner. Die Straße, der vorausfahrende Verkehr, die Bereiche links und rechts der Fahrbahn werden, meist mit mehreren Sensoren gleichzeitig, zentimetergenau abgetastet und vermessen. Alle Daten wandern in einen Computer, der aus der Fülle von Informationen mit Hilfe komplexer mathematischer Modelle Gefahrensituationen destilliert. Der Rechner erschafft sich durch die Daten der Sensoren sein Abbild der Realität. Und das muss er möglichst richtig interpretieren.
Ein menschlicher Fahrer kann leicht unterscheiden, ob er sich einem massiven Hindernis wie einem querstehenden Auto nähert oder nur einer ungefährlichen Staubwolke. Fahrassistenzsysteme würden möglicherweise in beiden Fällen Kollisionsgefahr wittern und eine Vollbremsung auslösen. Noch schwieriger wird es bei beweglichen Hindernissen. Wenn sich etwa ein Auto von rechts nähert, muss das Fahrassistenzsystem nicht nur das Auto als Hindernis erkennen, es muss auch seinen Weg vorausberechnen.
Die Techniker sind jedoch zuversichtlich, dass sie alle diese Schwierigkeiten meistern werden: 2009 soll das Predictive Security System marktreif sein. Dabei tragen sie eine große Verantwortung. Denn wird auch nur ein schwerer Unfall durch die falsche Reaktion eines Fahrassistenzsystems verursacht, kommen auf den Autokonzern nicht nur beträchtliche Schmerzensgeld- und Schadenersatzfor-

derungen zu. Ein solcher Unfall könnte auch das Aus für eine vielversprechende Technologie bedeuten. Doch wohin werden all diese Entwicklungen führen?
Von den Roboterautos behauptet das US-Verteidigungsministerium, sie würden nur zum Auskundschaften entwickelt und um Menschen zu retten. Aber niemand wird die Militärs davon abhalten können, die autonomen Fahrzeuge auch mit Maschinengewehren, Raketenwerfern und Bomben auszurüsten. Im Irak-Krieg ließen die Amerikaner erstmals ein ferngesteuertes Fahrzeug um sich schießen. Der Soldat, der es steuerte, befand sich in sicherer Entfernung vom Kriegsgeschehen. Die Vorstellung einer Armee aus waffenstrotzenden, autonomen Robotern, die gegen menschliche Feinde vorrückt, ist also gar nicht so weit von der Realität entfernt. Wahrscheinlich muss man nicht bis 2057 warten, um den Krieg der Roboter live im Fernsehen zu erleben.
Kollege Computer wird den täglichen Straßenverkehr revolutionieren, allerdings nur langsam. Denn die bereits erwähnte Weigerung von Autofahrern, sich das Steuer aus der Hand nehmen zu lassen, wird noch lange verhindern, dass selbständig denkende und steuernde Fahrzeuge sich durchsetzen. Wer viel Geld für ein neues Auto ausgibt, der will eben selber fahren und sich nicht wie in einer Straßenbahn fühlen. Aber früher oder später wird der autonome PKW zwangsweise kommen. Denn für Individualverkehr, wie wir ihn kennen, wird es in unseren Städten irgendwann zu eng sein. Schon heute ist der Autofahrer gar nicht mehr so frei, wie er glaubt. Verkehrsplaner nehmen ihm längst durch Tausende von Ampeln, durch die Straßenführung und moderne Verkehrsleitanlagen viele individuelle Entscheidungen ab. Da erscheint der Schritt zum zentral gesteuerten Verkehr gar nicht mehr so groß. Wenn etwa nach einem Ampelstopp alle Autos gleichzeitig per Funkkommando losführen, wären die schlimmsten Verstopfungen unserer Straßen schon beseitigt.
In fünfzig Jahren wird es längst so weit sein. Wer dann noch ein eigenes Auto besitzt, wird nur noch selten selbst zum Steuer greifen. Sicher wie in Abrahams Schoß wird er automatisch durch die Stadt gelenkt werden.
Vielleicht wird der tägliche Stau aber auch dadurch beseitigt, dass Autos die Lüfte erobern. Ein Flugpionier der Neuzeit ist der amerikanische Ingenieur Paul Moller. Seit über vierzig Jahren arbeitet er schon an fliegenden Autos. Die Aufgabe ist nicht ganz leicht: »Ein gutes fliegendes Auto muss senkrecht abheben und landen,

darf keine breiten Flügel haben oder Rotorblätter wie ein Helikopter, sonst kann es nicht auf normalen Straßen fahren. Es muss absolut einfach zu fliegen sein – und so billig, dass es sich der Normalsterbliche leisten kann.«

Mehrere Prototypen hat Moller bislang gebaut, aber zum Fliegen hat er noch keines gebracht. Ein minutenlanges Schweben unter dem infernalischen Getöse von acht Wankelmotoren war alles, was Mollers SkyCars bisher erreichten.

Aber außer Moller arbeiten noch weitere Teams an der Entwicklung des fliegenden Autos. Der NASA-Ingenieur Andrew Hahn beispielsweise will allein bis zu vierhunderttausend Kleinflugzeuge computergesteuert über New York kreisen lassen. »Wir glauben«, sagt Hahn, »dass schon in zwanzig Jahren ein fliegendes Auto zumindest für Polizei- und Rettungskräfte, aber auch für gut Betuchte absolut normal sein wird. Wir hoffen, in fünfzig Jahren mit einem solchen System die Hälfte des Straßenverkehrsaufkommens in die Luft zu bringen.«

Unfreiwilliger Fernsehstar – Der gläserne Mensch

Als John Gater auf dem Weg zur Bibliothek ist, um das Citycom-Netz zu retten, initiiert Juan Lopez im Polizeihauptquartier eine stadtweite Suche nach ihm. »Auf einem 2D-Feld an der Wand erschienen in rasender Abfolge Bilder von verschiedenen öffentlichen Plätzen«, heißt es in unserer Geschichte. »Die Überwachungskameras der Stadt versuchten, Georginas Vater auf den Bildern zu identifizieren.« Typisch Science-Fiction, möchte man meinen, da sind solche Sachen immer ganz leicht! Aber wie viel Realität steckt wirklich in dieser kleinen Episode?

Allein in einer Stadt wie London überwachen heute sage und schreibe zweieinhalb Millionen Videokameras das öffentliche Leben. Um jedoch gezielt eine Person zu finden, die sich irgendwo in einer Großstadt versteckt, braucht man mehr als nur viele Kameras. Zuerst einmal müssen alle diese Kameras vernetzt sein oder zumindest ihre Bilder auf einem zentralen Server ablegen. In der vernetzten Stadt, die wir in nächster Zukunft erwarten können, dürfte das technisch kein Problem sein.

Der zweite Schritt wäre das Auffinden der gesuchten Person, und das ist natürlich schon etwas schwieriger. Computer tun sich manchmal mit den scheinbar einfachsten Dingen extrem schwer. Für Menschen ist das Erkennen eines vertrauten Gesichts meist ein Kinderspiel. Den eigenen Vater erkennt jeder sofort, egal, ob Papi sich einen Bart hat wachsen lassen oder zehn Jahre verschwunden war. Für einen Computer würden das junge und das gealterte Gesicht des Vaters zu völlig verschiedenen Leuten gehören. Computer haben schon Probleme, wenn zwei Fotos ein und desselben Gesichts in hellem Sonnenschein und im Halbschatten aufgenommen wurden. Sogar wer den Kopf schief hält, wird schon nicht mehr erkannt. Manche Systeme lassen sich sogar übertölpeln, indem man ihnen statt eines Gesichts nur ein Foto zeigt.

Im Fraunhofer Institut für Graphische Datenverarbeitung erschließt man der Gesichtserkennung daher die dritte Dimension. Statt eines zweidimensionalen Abbilds verwendet das System Bioface ein dreidimensionales Modell. Auf das Gesicht, das der Computer später erkennen soll, wird ein Muster aus waagerechten Streifen projiziert. Die Strukturen des Gesichts – Nase, Augen, Grübchen – verwandeln das Streifen- in ein Wellenmuster. Aus diesen Wellen errechnet der Computer dann das 3D-Modell des Gesichts. Das Ergebnis ist eine virtuelle Maske. Jetzt ist es egal, ob die betreffende Person beim Erkennungsprozess frontal oder schräg zur Kamera steht, ob sie den Kopf neigt oder nicht. Anhand der 3D-Maske erkennt sie der Computer trotzdem. Aber wenn die Person jetzt eine Grimasse zieht oder die Backen aufbläst, ist es mit der zuverlässigen Erkennung schon wieder vorbei.

»Da stößt die 3D-Technologie heute noch an ihre Grenzen«, bestätigt Henning Daum, Projektleiter von Bioface. »Aber sie wird sich in den nächsten fünfzig Jahren natürlich weiterentwickeln. Mit einem Netzwerk solcher 3D-Kameras könnte Georgina sicherlich schnell ihren Vater finden.«

Zumal dann auch andere Technologien weiter fortgeschritten sein werden, an denen heute gearbeitet wird. Eine Forschergruppe der Universität Southampton hat ein System entwickelt, das eine Person nicht an ihrem Gesicht, sondern an ihrem Gang erkennt. »Die Art, wie ein Mensch geht«, sagt Professor Mark Nixon, der Erfinder der Automatischen Gang-Erkennung, »ist so einzigartig wie sein Fingerabdruck.«

Muskelmasse und -stärke, die Länge der Knochen, die Körpermasse, die Körperbeherrschung, all das beeinflusst den Gang eines Menschen. Nixons Software analysiert anhand von Videoaufnahmen alle diese Eigenarten und wandelt sie in eine lange Kette von Ziffern um. Jedes Mal wenn dieselbe Person an Nixons Videokameras vorbeigeht, sollte auch die Ziffernfolge dieselbe sein.

»Ich bin beim Betrachten dieses Überwachungsvideos auf die Idee gekommen«, sagt Nixon und schaut auf einen Monitor. Grässliche Aufnahmen: Zwei Teenager entführen ein zweijähriges Kind. Es wurde später ermordet aufgefunden. »Gesichtserkennung hätte in diesem Fall nichts gebracht«, sagt Nixon, »denn die Täter und das Opfer drehten der Überwachungskamera den Rücken zu. Das einzige, was man deutlich erkennen konnte, war ihr Gang, und ich fragte mich, ob man die Mörder damit nicht identifizieren könne.«

Man kann. Rund zehn Jahre arbeitete Nixon an dem System, jetzt ist es fast marktreif. Die schwedische Polizei hat ihn bereits um Hilfe bei der Aufklärung eines Raubmordes gebeten. Der Täter konnte überführt werden.

Die Gang-Erkennung funktioniert selbst bei schlechter Bildqualität oder wenn der Gesuchte für eine Gesichtserkennung zu weit von der Kamera entfernt steht. Bevor sie jedoch zu einem Standardwerkzeug von Polizei und Militär wird (DARPA, eine Abteilung des Pentagon, investiert seit vielen Jahren Millionensummen in diese Forschung), müssen noch einige wichtige Fragen geklärt werden. Kann beispielsweise ein geschickter Verbrecher das System nicht schon dadurch austricksen, dass er den Gang seines Nachbarn imitiert?

Die Städte Rotterdam und Groningen überwacht man nicht nur per Video, sondern auch mit intelligenten Mikrofonen. In der allgemeinen Geräuschkulisse aus Verkehrslärm, Schritten auf Asphalt und unablässigem Gemurmel kann die Software der Firma Sound Intelligence »akustische Anomalien« erkennen, wie zum Beispiel das Gebrüll streitender Menschen. Natürlich weiß die Software nicht, was dort los ist, aber sie kann per Alarm die Aufmerksamkeit der Polizisten an den Monitoren der Überwachungskameras auf die Quelle der akustischen Anomalie lenken.

Andere Systeme, die zum Teil heute schon erprobt werden, analysieren Videobilder auf verdächtiges Verhalten. Wer etwa auf einem Parkplatz zu lange herumsteht, zieht das Misstrauen der intelligenten Kameras auf sich.

Ziel der Forscher ist, dass die Kameras schon bald selbständig erkennen können, ob jemand nur harmlos herumsteht oder auf eine günstige Gelegenheit wartet, ein Auto zu knacken.

Wenn nun eine dieser intelligenten Kameras einen Verdächtigen identifiziert hat, wäre es natürlich sinnvoll, ihn am Bildschirm zu verfolgen, bis die Polizei ihn verhaften kann. An einem solchen System arbeitet Doktor Dimitrios Makris vom Digital Image Research Centre der Londoner Kingston University.

Unser »Verdächtiger« heißt Max und ist einer von Doktor Makris' Mitarbeitern. Für den Versuch spaziert er ein Stück durch London, wo Dr. Makris einige Überwachungskamera vernetzt hat. Jetzt kommt Max in den Blickwinkel des ersten Objektivs. Makris lässt per Mausklick einen Rahmen um Max' Bild erscheinen, so teilt er dem System mit, wen es verfolgen soll. Max geht los und verlässt bald das Sichtfeld der ersten Kamera. Jetzt ist er verschwunden. In den Prozessoren des Systems läuft sogleich etwas Verblüffendes ab: Der Computer berechnet den Weg voraus, den Max sehr wahrscheinlich gehen wird. Und tatsächlich: Als Max das Sichtfeld der zweiten Kamera erreicht, bekommt er sofort seinen Rahmen verpasst. Die Kamera hat vorher »gewusst«, dass er genau an dieser Stelle erscheinen wird.

Wenn eines Tages alle diese Technologien, die heute als Prototypen existieren, zu einem System vernetzt sind, wird es für die Polizei leichter sein, ein Verbrechen zu vereiteln, bevor es überhaupt stattgefunden hat. Oder einen Verdächtigen in einer Großstadt zu finden, per Videoüberwachung zu verfolgen und sogar vorauszusagen, wohin er wahrscheinlich gehen wird.
Die Vorstellung, John Gater per Citycom-Überwachungssystem aufspüren zu können, ist also durchaus realistisch. Aber vielleicht wird alles auch ganz anders kommen. Wenn sich die Idee der US-Firma Applied Digital Solutions durchsetzt, lassen wir alle uns demnächst kleine Datenchips unter die Haut pflanzen. Türen würden sich wundersamerweise für uns öffnen, weil sie unseren Chip erkennen. Sind wir nach einem Unfall bewusstlos, kann der Notarzt alles Wichtige über uns mit einem kleinen Lesegerät erfahren. Und wenn der Chip an ein Satellitenortungssystem angeschlossen ist, dann tun wir keinen Schritt mehr unbeobachtet. Dem Durchbruch dieser Technologie steht allerdings ein Hindernis im Weg: Niemand mag es, gechipt zu werden wie Hunde oder Mastschweine.

Professor Ismo Rakkolainen streckt die Hand aus, und es geschieht ein Wunder: Aus seinen Fingerspitzen zischen plötzlich goldene Funken, ein kleines, stummes Feuerwerk explodiert mitten im Raum. Augenblicke später verlöschen die Feuerkaskaden. Jetzt scheint Rakkolainen einhändig ein imaginäres Orchester zu dirigieren. Geisterhafte, geschwungene Buchstaben entstehen. Er schreibt ein Wort in die Luft: FogScreen.

»Verblüffend, nicht wahr?« Sein Forschungspartner Tobias Höllerer klickt ein paarmal mit einer Computermaus, und ein Gesicht erscheint in der Luft vor Rakkolainen. Der packt mit Daumen und Zeigefinger die virtuelle Nase des geisterhaften Gesichts und zieht sie lang.

»Das tun die meisten Leute, wenn sie unseren FogScreen zum ersten Mal sehen. Sobald ein dreidimensionales Bild vor ihnen erscheint, wollen die Menschen es anfassen und irgendwie mit ihm interagieren.«

Das Herzstück des FogScreens ist ein Kasten, der wie ein schwarz lackierter Sarg aussieht. Dieser Kasten, in zweieinhalb Meter Höhe aufgehängt, produziert einen dünnen Vorhang aus Nebel. Der Nebelvorhang besteht aus Milliarden kleinster Wassertröpfchen, die der schwarze Kasten mit Ultraschall entstehen lässt. Die Tröpfchen sind so klein, dass sich der Nebel überhaupt nicht nass anfühlt, sondern kühl und trocken. Zwei Projektoren werfen nun ein beliebiges Bild, einen Film oder eine Computergrafik auf die Nebelwand – jetzt scheinen die geisterhaften Bilder mitten im Raum zu stehen.

»Wir können noch mehr«, behauptet Rakkolainen. Das Team baut vier Infrarotkameras rund um den FogScreen auf, und der Professor setzt sich eine Art Stirnband auf, an dem eine kleine Infrarotlampe befestigt ist. Jetzt kann der Computer »sehen«, wohin Rakkolainen geht, und die Grafiken an die Bewegungen anpassen. Paul Gaters dreidimensionaler Hai erscheint im Labor und reagiert auf die Bewegungen des Wissenschaftlers: Der Hai lässt ihn nicht aus den Augen, verfolgt ihn. Rakkolainen geht um den FogScreen herum, und der Hai dreht sich mit ihm um die eigene Achse.

»Bis wir den Hai wirklich frei im dreidimensionalen Raum schwimmen lassen können, ist es zwar noch ein weiter Weg«, erläutert Höllerer. »Aber ein erster Schritt ist gemacht.«

Eine solche 3D-Grafik im freien Raum wäre – trotz aller physikalischen Hürden, die noch überwunden werden müssen – die konsequente Fortsetzung einer Entwicklung, die wir in den letzten Jahrzehnten mitgemacht haben: Als in den siebziger Jahren die ersten Computerspiele erschienen, bestand ihre Grafik aus nichts anderem als weißen Punkten und Strichen auf schwarzem Hintergrund. In »Pong« war ein Punkt der Tennisball, zwei Striche links und rechts des Bildschirms dienten als Schläger. In den achtziger Jahren konnten PCs dann mit Farbgrafikkarten ausgerüstet werden, die pixelige 8-Farben-Grafiken auf die Monitore zauberten. In den Neunzigern folgte der nächste Meilenstein: Zunehmende Rechenleistung und die Nutzung spezieller Grafikchips ermöglichten es erstmals, realistische dreidimensionale Welten am Bildschirm entstehen zu lassen. Damit eroberte Militärtechnik die Heimcomputer, denn die PC-Spiele basierten auf Ideen aus militärischen Flug- und Kampfsimulatoren.

Seitdem ist die Entwicklung ins Stocken geraten. Natürlich sind die 3D-Grafiken noch realistischer geworden und beeindrucken durch immer spektakulärere Effekte, aber technologische Meilensteine wie der Schritt von der 2D- zur 3D-Grafik fehlen bislang.

Sie werden zweifellos kommen. Ein heute sechzehnjähriger Spielefan wird als Sechsundsechzigjähriger 2057 nicht plötzlich auf Skat umsatteln. Die mit Computerspielen sozialisierten Generationen werden sich auch in Zukunft gern in virtuellen Welten aufhalten, allerdings dürften diese Welten noch realistischer aussehen als heute und vielleicht neben den rein audiovisuellen Reizen auch andere Erfahrungen wie Gerüche oder Berührungen vermitteln. Es waren schon immer die Spielefans mit ihrem locker sitzenden Taschengeld, die die Heim-PC-Technologie voranbrachten. Sie haben dafür gesorgt, dass sich der graue Büro-PC der achtziger Jahre in eine Multimediamaschine mit sagenhaften Rechenleistungen verwandeln konnte. Schon 1999 meldete die »Los Angeles Times«, dass die PC-Spieleindustrie erstmals mehr Geld umgesetzt habe als die Filmindustrie Hollywoods. Auch die Mega-Hypes, die beim Erscheinen neuer Konsolen regelmäßig zu Tumulten an den Verkaufsstellen führen, deuten nicht unbedingt auf ein Nachlassen des Interesses hin. Die Industrie wird also früher oder später wirklich bahnbrechende Weiterentwicklungen der heutigen Technologie präsentieren müssen, um ihre Kunden bei der Stange zu halten.

Aber welche Kunden werden das 2057 sein? Oder anders gefragt: Wie wird die Bevölkerung in fünfzig Jahren aussehen? Alle Experten sind sich einig, dass die Zahl der Einwohner Deutschlands sinken wird. Es werden zu wenige Kinder geboren, und auch Einwanderer aus anderen Ländern werden die Lücken in der Alterspyramide nicht füllen können. Gleichzeitig steigt die Lebenserwartung. Deutschland wird älter, manche Fachleute prophezeien sogar, es werde vergreisen. Heute sind rund 28 Prozent der Bevölkerung älter als sechzig, in fünfzig Jahren wird es fast die Hälfte sein.

Diese Entwicklung hat zahlreiche Folgen für die Sozialsysteme, für die Arbeitswelt und auch für die Freizeit. Schon heute steht zweifelsfrei fest: So wie das Rentensystem organisiert ist, wird es in fünfzig Jahren niemand mehr bezahlen können. Zwangsläufig werden die Menschen mehr Geld für ihr Alter zurücklegen müssen (das sie dann in ihrer Freizeit nicht mehr ausgeben können), und sie werden länger arbeiten.

Der Bevölkerungsrückgang muss aber nicht zwangsläufig nur negativ gesehen werden. Statistiker sagen voraus, dass in fünfzig Jahren bis zu zwanzig Millionen weniger Menschen in Deutschland leben werden: zwanzig Millionen, die zwar keine Steuern zahlen, die aber auch keine Sozialleistungen vom Staat mehr beanspruchen, für die keine Straßen, Krankenhäuser, Schulen, Gefängnisse gebaut werden müssen. Ein Arbeitskräftemangel wird einsetzen, der die Sozialkassen entlastet. Außerhalb der Innenstädte werden Häuser und Wohnungen billig zu haben sein.

Und auch wenn man heute den Eindruck hat, die Konzernmanager würden alles tun, um jeden einzelnen Arbeitsplatz in Deutschland abzubauen, so wird es selbstverständlich auch 2057 noch viel Arbeit geben. Allerdings werden das keine Arbeitsplätze im Low-Tech-Bereich mehr sein. Die Produktion einfach herzustellender Dinge wie Textilien wird komplett ins Ausland verlagert werden, vielleicht nach Afrika, weil chinesische Arbeitskräfte schon zu teuer geworden sind. In Deutschland wird man eher technisch anspruchsvolle Dinge produzieren und einen Teil des Einkommens mit Service und Wartung dieser Produkte verdienen. Dazu könnte auch die Robotik gehören, denn für die vielen alten Menschen wird es nicht genug bezahlbares Pflegepersonal geben, so dass diese Aufgaben teilweise Roboter übernehmen müssen. Mit etwas Glück wird es sich auszahlen, dass Deutschland frühzeitig in die Erforschung alternativer Energie investiert hat – hocheffiziente

Solaranlagen, Windkraftwerke, Brennstoffzellen, vielleicht sogar Fusionskraftwerke werden weltweit nachgefragt.

Viel Zeit für seine virtuellen 3D-Welten wird der heute sechzehnjährige Spielefan 2057 wohl kaum haben. Weil es zu wenige junge Arbeitskräfte gibt, wird er dringend auf dem Arbeitsmarkt gebraucht und hat noch einige Jahre Berufsleben vor sich.

Teil III
Die Welt

Am Ende der Himmelsleiter

Kopfstation

»Herzlich willkommen, meine Damen und Herren, zu ›Die Welt am Abend‹. Mein Name ist Dallas Ripley. Wie man hört, haben sich die großen Tankstellenketten für die Kundengewinnung etwas Neues einfallen lassen: Wer mindestens zwanzig Liter Superbenzin tankt, bekommt ein Auto gratis dazu. Im Ernst: Gehören Sie auch zu denjenigen, die dachten, die Ölkrise könne nicht mehr schlimmer werden, nachdem ein Liter Benzin inzwischen mehr kostet als ein Liter edler französischer Rotwein? Nun, dann muss ich Sie leider enttäuschen. Wie Präsident Willcox heute bestätigte, sind die von Experten seit langem erwarteten Wochenend-Fahrverbote für manuell gesteuerte Fahrzeuge nicht mehr abzuwenden. Wie aus Kreisen des Schwarzen Hauses verlautete, wird ein entsprechendes Gesetz in Kürze von der Heiligen Amerikanischen Kongregation verabschiedet. Unterdessen ist der Preis für ein Barrel Rohöl am Weltmarkt erneut um circa drei Prozent auf 1 631,50 Dollar gestiegen. Damit einher geht, dass Benzin-Bezugsrechte der Klasse A nunmehr nur noch ...«

Dr. Bob Sanders schaltete den Holoscreen ab. Er konnte es nicht mehr hören. Dort unten war der Teufel los, und es wurde jeden Tag schlimmer. Wenn nicht noch ein Wunder geschah, war das bevorstehende Ende der Solaris-Raumstation das kleinste ihrer Probleme.

Während er sich rasierte, sah er aus dem schmalen, schräg in die Raumdecke eingelassenen Fenster seiner Kabine. Über ihm schien die Erde in leuchtendem Blau aus einer Entfernung von fast vierzigtausend Kilometern. Sein Körper sagte ihm, dass diese Kugel »oben« schwebte. Doch sein Verstand wusste, dass er, von der Erde aus betrachtet, kopfüber an der »Decke« einer Raumstation stand, die am Ende eines absurd langen Seils hing und von der Fliehkraft getragen wurde, die durch die Rotation seines Heimatplaneten entstand.

Nicht mehr lange allerdings. Der letzte Versuch, das längst beschlossene Ende wenigstens noch ein bisschen hinauszuzögern, war gestern endgültig gescheitert. Ihr Antrag auf Verlängerung der Experimentalreihe 18 war vom Wissenschaftlichen Rat der World Space Association, des Betreibers des Spacelifts, abgelehnt worden. Drei Wochen noch, dann würde das bei weitem aufwen-

digste und teuerste Menschenwerk aller Zeiten unwiederbringlich zerstört werden. All die Mühen einer ganzen Generation von Wissenschaftlern und Ingenieuren wären damit vernichtet.
Die Skeptiker hatten es natürlich schon immer gewusst: Einen vierzigtausend Kilometer langen Fahrstuhl in den Weltraum zu bauen war kompletter Blödsinn. Das konnte gar nicht funktionieren.
Doch es hatte funktioniert, und zwar besser, als selbst Optimisten erwartet hatten. Nachdem es vor fast vierzig Jahren erstmals gelungen war, stabile lange Ketten aus Kohlenstoff-Nanoröhren industriell herzustellen und zu einem fast unzerreißbaren Gewebe zu flechten, war die letzte technische Hürde zum Bau des Spacelifts beseitigt worden. Der Rest war, von einem physikalischen Standpunkt aus betrachtet, simpel: Man spinnt ein vierzigtausend Kilometer langes Seil, das über den geostationären Orbit in 35 600 Kilometer Höhe hinausreicht. Das eine Ende knotet man an einen in Äquatornähe schwimmenden Anker, das andere an ein Gegengewicht, zum Beispiel eine Raumstation. Die durch die Erdrotation erzeugte Fliehkraft führt dazu, dass das Seil gespannt wird und von Climber genannten Fahrstuhlkörben erklettert werden kann – zu einem Bruchteil der Kosten, die für einen konventionellen Raketentransport anfallen würden. So einfach ist das.
So einfach war es in der Praxis natürlich nie gewesen. Es hatte Rückschläge gegeben, und der Bau hatte länger gedauert und war teurer geworden als ursprünglich geplant. Aber das galt für so ziemlich jedes technische Großprojekt, deswegen hatte es niemanden überrascht. Als der Spacelift im Jahr 2028 eingeweiht wurde, nannte man ihn die größte technische Errungenschaft seit der ersten Mondlandung.
Doch dann hatten die Probleme angefangen. Der Lift hatte tadellos funktioniert – nur die Projekte, für die man ihn gebaut hatte, nicht. Die Marsexpedition war gescheitert und hatte das Leben aller zwölf Astronauten gekostet. Nach anfänglicher Euphorie war der Markt für im Weltraum hergestellte Schaummetalle zusammengebrochen. Die wenigen automatischen Fabriken wurden zu finanziellen Debakeln für ihre Besitzer. Der Erzabbau im Asteroidengürtel hatte sich als viel zu teuer erwiesen. Immer wieder waren technische Probleme dazugekommen. Die Pläne, eine künstliche Stadt auf dem Mond

aufzubauen und dort ebenfalls einen Spacelift zu installieren, wurden aufgegeben. Statt der geplanten hunderttausend Tonnen Nutzlast pro Jahr hatte der Spacelift in den letzten zwölf Monaten nur 1 300 Tonnen in den Himmel befördert, größtenteils Touristen, die in reisebusähnlichen Raumfahrzeugen den Mond umkreisten und in einer langgestreckten Acht wieder zur Erde zurückkehrten. Die Einnahmen daraus reichten nicht einmal aus, um die permanent notwendige Reparatur der Löcher im Kabel zu bezahlen, die von Mikrometeoren und Weltraumschrott verursacht wurden.

Die World Space Association hatte einen verzweifelten, kühnen Plan gefasst: Sie hatte vorgeschlagen, riesige Solarplattformen im All zu konstruieren und die dort erzeugte Energie mit Mikrowellenlasern zur Erde zu strahlen. Doch das rechnete sich nur, wenn der Wirkungsgrad der Solarzellen gegenüber der vorhandenen Technologie deutlich gesteigert werden konnte und die Zellen gleichzeitig stabil genug waren, um die permanente harte Strahlung im Weltraum jahrelang unbeschadet zu überstehen.

Dies war die Aufgabe, an der Bob und sein chinesischer Kollege Lichao Wang seit fast fünf Jahren arbeiteten. Bisher ohne nennenswerten Erfolg. Zwar hatten sie Durchbrüche in der Erzeugung hochreiner und stabiler Lithiumkristalle erzielt, doch der Wirkungsgrad war bisher weit hinter dem Zielwert von über 80 Prozent zurückgeblieben.

Nun waren es nur noch drei Wochen, die ihnen blieben. Bob hatte das nagende Gefühl, dass sie dicht vor der Lösung standen. Die letzten Testreihen hatten in eine vielversprechende Richtung gewiesen. Aber nach fünf erfolglosen Jahren ausgerechnet kurz vor Toresschluss doch noch den Durchbruch zu schaffen erschien selbst dem Optimisten Bob als ein allzu kühner Wunschtraum.

Er warf einen Blick auf die Ausdrucke, die er mit Magneten über seiner Koje befestigt hatte: historische Zeichnungen der sieben Weltwunder der Antike. Ein achtes Blatt zeigte eine kindliche Zeichnung der Solaris und der Ankerstation des Spacelifts. »Achtes Weltwunder« stand in krakeliger Handschrift darüber. Sein Neffe Peter hatte das geschrieben und ihm das Bild zu Weihnachten geschenkt.

Den Spacelift zu verschrotten erschien ihm als das Dümmste, das sich Menschen je hatten einfallen lassen – vergleichbar mit der Idee, die Pyramiden von Giseh

abzureißen, um an ihrer Stelle einen Parkplatz zu bauen. Doch die Argumente einer breiten Lobby aus Umweltaktivisten, besorgten Bürgern und Interessenvertretern diverser Energieerzeuger waren erdrückend. Das Kabel des Spacelifts, so argumentierten sie, werde zwangsläufig irgendwann reißen, denn durch die permanenten Reparaturen würde die Gesamtstruktur immer instabiler.
Was in einem solchen Fall geschehen würde, war nach Bobs Meinung ziemlich harmlos: Je nachdem, an welcher Stelle das Kabel riss, würde der größte Teil davon beim Eintritt in die Erdatmosphäre verglühen. Nur ein paar Kilometer des extrem leichten und flachen Kabels würden sanft wie ein Blatt Papier zur Erde gleiten und konnten dort problemlos entsorgt werden.
Die Gegner des Spacelifts zeichneten allerdings ein anderes Bild. Sie beschrieben zersplitterte Kabelstränge, die mit mehrfacher Schallgeschwindigkeit peitschenartig durch die Luft schossen und mit ihren nur Nanometer dicken Kanten tausendmal schärfer waren als eine Rasierklinge. Sie sprachen von Milliarden winziger, nadelförmiger Splitter aus Kohlenstoff-Nanoröhrchen, die sich über die ganze Welt verteilen, in die Lungen und Kiemen der Erdbewohner gelangen und diese von innen zerstören würden. Sie malten das Bild eines zwanzigtausend Kilometer langen, fast unzerstörbaren Bandes, das sich um den Äquator schlang, ganz Asien durchschnitt und bis nach Europa reichte. Sie beschworen die Gefahren durch Flugzeugkollisionen und Terrorismus. Hinzu kam die wachsende Zahl fundamentalistischer Eiferer verschiedener Religionen, die einen Fahrstuhl in den Himmel als Gotteslästerung, dem Turmbau zu Babel vergleichbar, ansahen.
Bob hielt die meisten der heraufbeschworenen Katastrophenszenarien für ausgemachten Blödsinn. Aber es war schwer, die Öffentlichkeit von dieser Meinung zu überzeugen. Für jeden wissenschaftlichen Experten, der ein Gutachten zugunsten des Spacelifts erstellte, fand sich mindestens ein anderer, der genau das Gegenteil sagte. Die meisten Menschen hatten verständlicherweise keine Lust, auszuprobieren, wer recht hatte. Hinzu kam die katastrophale Finanzlage der WSA, die aufgrund der hohen Investitionen für den Spacelift immer noch hoffnungslos überschuldet war.
So hatten die Vereinten Nationen sich dem Druck der Lobbyisten gebeugt und beschlossen, das Kabel an der Basisstation zu kappen. Die Fliehkraft würde die

Station in die Tiefen des Weltalls fortreißen, wo sie auf einer elliptischen Umlaufbahn als künstlicher Mond die Erde umkreisen würde, weit genug außerhalb der Atmosphäre, dass keine Gefahr mehr für die Erdbewohner bestand.

Aus, vorbei. Das Schicksal des Spacelifts und seiner Kopfstation war besiegelt. Es sei denn ...

»Guten Morgen, Bob.« Lichaos Stimme kam aus dem Lautsprecher – Bob hatte noch nie viel von Audioimplantaten in den Ohren gehalten. Er aktivierte den Holoscreen. Lichao stand im Labor und hantierte am Nanosynthesizer herum.

»Hi Lichao. Was Neues?«

»Leider nicht.«

»Soll ich dir einen Kaffee mitbringen? Der wird dich ein bisschen aufbauen.«

»Nein danke. Ich habe die nächste Testreihe fast fertig.«

Bob drückte einen Knopf an dem kleinen Automatikherd in seiner Kabine. Eine Plastiktasse begann darin zu rotieren. »Bin gleich bei dir.«

Ein melodischer Glockenton verkündete, dass das bestellte Heißgetränk fertig war. Doch als Bob die Plastiktasse aus dem Gerät holte, enthielt sie statt Café au Lait nur heißes Wasser.

»Bordsystem«, sagte Bob. »Der Kochautomat hat eine Fehlfunktion. Statt Kaffee habe ich nur heißes Wasser bekommen.«

»Guten Morgen, Dr. Sanders«, antwortete die charmante Frauenstimme des Computers. »Ich hoffe, Sie hatten eine angenehme Ruhephase.«

»Hast du nicht zugehört? Mein Kaffee ist kein Kaffee, sondern heißes Wasser.«

»Leider steht keine Kaffee-Grundsubstanz mehr zur Verfügung, Dr. Sanders. Ich empfehle stattdessen Kamillen- oder Rotbuschtee.«

»Wenn ich Tee wollte, hätte ich Tee bestellt. Bitte sorge dafür, dass mit der nächsten Ergänzungslieferung neuer Kaffee kommt.«

»Es tut mir leid, Dr. Sanders, aber es wird keine Ergänzungslieferung mehr geben. Der Wirtschaftsausschuss der WSA hat beschlossen ...«

»Na toll! Wollen die uns jetzt aushungern, oder was?«

»Nach meinen Berechnungen reichen die Vorräte an Bord noch für mindestens acht Wochen«, sagte der Computer.

Drei Wochen ohne Kaffee! Er schüttete das heiße Wasser in den Ausguss der Recyclinganlage und zapfte sich stattdessen eine Cola.
»Schon draußen?«, fragte Bob, als er das Labor betrat.
Lichao nickte. Sein flaches asiatisches Gesicht wirkte müde, aber er lächelte leicht, wie immer, wenn er Bob sah. Er deutete auf einen 2D-Monitor. Man konnte sehen, wie eine Klappe an der Außenseite der Station geöffnet wurde und ein Roboter ein Testpaneel zwischen die fächerförmig angeordneten Kollektoren setzte. Sie wurden dem gleißenden Sonnenlicht ausgesetzt. Gebannt starrten Lichao und Bob auf die Anzeige über dem Synthesizer, die den Anteil der Lichtenergie anzeigte, der in nutzbaren elektrischen Storm umgewandelt wurde. Die Anzeige schwankte leicht um den Wert von 28 Prozent.
Lichao seufzte vernehmlich. Eine solche Gefühlsregung zeigte Bob, dass sein chinesischer Kollege dieselbe drückende Verzweiflung empfand wie er selbst. Er versuchte, aufmunternd zu klingen. »Was hast du diesmal gemacht?«
»Hab's mit Zinksulfat versucht. Ich hatte gehofft, dass ...«
»Klingt vernünftig.«
»Ja, aber es funktioniert wieder nicht.« Er schüttelte den Kopf. »Trotzdem, wir dürfen nicht aufgeben. Ist man in kleinen Dingen nicht geduldig, bringt man die großen zum Scheitern.«
»Von wem ist das? Konfuzius?«
»Versuch's noch mal.«
»Mao?«
»Altes chinesisches Sprichwort.«
»Das wäre mein nächster Tipp gewesen.«
Lichao zog leicht eine Augenbraue hoch.
Bobs Grinsen verschwand schnell wieder. »Also schön, ich bin geduldig. Aber wir haben einfach keine Zeit mehr!«
Lichao aktivierte den Holoscreen und betrachtete die komplexe, dreidimensionale Struktur des Kristalls von allen Seiten. »Es ist irgendwie ... schön«, sagte er nach einer Weile. »So symmetrisch.«
»Vielleicht zu symmetrisch«, meinte Bob. »Verdammt, es muss doch möglich sein! Ich weiß, dass wir es schaffen können, die 80 Prozent zu knacken. Wir waren doch schon bei 68 Prozent!«

»Ja, aber die Kristalle haben keine drei Minuten Bestand gehabt. Das war ein Irrweg, das weißt du.«

»Trotzdem!«

»Ich kann einfach nicht glauben, dass sie das tatsächlich tun wollen«, sagte Lichao unvermittelt.

Bob nickte. »Es ist ein Verbrechen an der Menschheit. An unseren Kindern. Da unten kann jeden Moment der dritte Weltkrieg ausbrechen, und die Idioten zerstören mutwillig die einzige Hoffnung der Menschheit, die Energiekrise zu beenden.«

»Die Menschen sind eben nicht besonders klug. Die Zukunft gehört wahrscheinlich den Maschinen. Die wären bestimmt nicht so blöd, ihre Energieversorgung so leichtfertig aufs Spiel zu setzen und jahrzehntelang tatenlos zuzusehen, wie sie auf die Katastrophe zusteuern.«

»Ehrlich gesagt sind mir Menschen trotzdem lieber.«

Lichao seufzte noch einmal. »Mir auch.«

»Ich weiß ja nicht, ob es noch Sinn hat, aber was ist eigentlich mit Generator 3?«, fragte Bob.

»Immer noch defekt. Paula ist schon auf dem Weg hierher.«

»Und die bestellten Testflüssigkeiten? Der Computer sagte, sie hätten die Versorgungstransporte eingestellt ...«

»Die bringt sie gleich mit.«

Bob grinste. »Endlich mal eine gute Nachricht.«

»Die Flüssigkeiten?«, fragte Lichao mit chinesischem Pokerface. »Oder Paula?«

Bob machte Anstalten, ihm seinen Becher mit Cola an den Kopf zu werfen.

Lichao blieb ungerührt. »Ich mach noch den Synthesizer sauber, dann leg ich mich ein bisschen hin.«

»Ist die Spülung schon wieder defekt?«

Lichao nickte. Er öffnete eine Klappe an der Wand mit der Aufschrift »Neutralisationsflüssigkeit« und holte einen Plastikbehälter hervor. Er träufelte die Flüssigkeit auf einen sterilen Lappen und wischte das Innere des Synthesizers damit aus. Anschließend warf er den Lappen in einen Recyclingbehälter. »Bis später!«

»Guck mal, was hältst du davon?«, fragte Bob, der inzwischen an den Einstellungen des Synthesizers herumhantiert hatte.
Lichao betrachtete nachdenklich die chemischen Symbole auf dem 2D-Bildschirm des Geräts. »Du tauschst Trioctylphosphin gegen Dimethylkadmium aus.« Er runzelte die Stirn, dann nickte er leicht. »Vielleicht keine dumme Idee.«
»Was heißt hier vielleicht?«, sagte Bob mit gespielter Entrüstung. »Mach, dass du in deine Koje kommst, bevor ich mich vergesse!«
Ohne eine Erwiderung verließ Lichao das Labor. Bob war sich einen Moment unsicher, ob er den Scherz vielleicht missverstanden hatte. Aber mittlerweile musste der Chinese sich wohl an seinen Humor gewöhnt haben.

Fehlfunktion

Ein leichter Westwind über dem Pazifischen Ozean trocknete den Schweiß auf Paula Kellers Stirn. Sie strich sich eine blonde Haarsträhne aus dem Gesicht und kletterte die kurze Treppe vom Helivan auf den Parkplatz des Anlegers hinunter, der am Fuß der Ankerstation auf Pontons in den Wellen dümpelte. Sie blickte an der über fünfzig Meter hohen, nüchtern grauen Fassade empor. Es kam ihr so vor, als sei sie erst gestern hier gewesen. Ihr Landurlaub, eine knappe Woche, erschien ihr viel zu kurz.
Die Ankerstation war eine Plattform mit einer Kantenlänge von jeweils einem halben Kilometer – das größte schwimmende Objekt, das Menschen je gebaut hatten. Den größten Teil nahm das Kraftwerk ein. Es war ein Hybrid-Dampfturbinenkraftwerk, das sowohl mit Atomkraft als auch mit konventionellen Brennstoffen betrieben werden konnte und den Antriebslaser mit Energie versorgte. In der Mitte der Plattform hob sich ein unscheinbares dünnes Band senkrecht in den Himmel. Es war etwa einen Meter breit und so flach, dass man es nicht sehen konnte, wenn man genau seitwärts dazu stand. Deshalb war der Ansatz des Bandes mit Gittern abgesperrt. Eine leichte Berührung an der Kante des Kabels reichte aus, um Stahlspäne von einem Schraubenschlüssel abzuhobeln, wie ihr einer der Sicherheitsleute bei ihrem ersten Besuch hier demonstriert hatte.
Das Kabel erhob sich in den Himmel, bis es in ein paar hundert Meter Höhe

so schmal wurde, dass man es nicht mehr erkennen konnte. Paula jedoch wusste, dass es sich unvorstellbar weit nach oben fortsetzte, bis zu einer Länge, die mehr als einem Zehntel der Entfernung zwischen Erde und Mond entsprach. Flach auf die Erde gelegt, hätte das Kabel ausgereicht, um die ganze Erde einmal zu umrunden. Die Flugbahn der früheren Internationalen Raumstation ISS hatte in weniger als einem Hundertstel der Höhe gelegen, in der sich die Kopfstation des Spacelifts befand.

Ein Sicherheitsoffizier namens Boyd empfing sie. Sie kannte ihn von ihren früheren Besuchen, aber er führte sie durch das volle Programm der Kontrollen, als habe er sie nie zuvor gesehen. Paula ließ die Prozedur ohne Murren über sich ergehen. Sie spürte die gedrückte Stimmung, die über der ganzen Anlage lag. Drei Wochen noch, dann war es endgültig vorbei. Ein Kloß formte sich in ihrer Kehle, als sie daran dachte.

Boyd wünschte ihr eine angenehme Reise. Sie passierte die Dekontaminationsschleusen, drängelte sich vorbei an einer Gruppe Touristen in knallbunter Funktionskleidung und kletterte an Bord des Climbers. Es war eine etwa dreißig Meter lange Kapsel, deren Inneres mit einem konventionellen Flugzeug vergleichbar war, nur dass es senkrecht stand. Die Sitze waren dick gepolstert und in drehbaren, halbkugelförmigen Schalen aufgehängt. Sie stieg über eine steile Leiter in den ihr zugewiesenen Sitz. Außer ihr war niemand an Bord – Versorgungs- und Reparaturaufstiege fanden aus Sicherheitsgründen grundsätzlich getrennt von den Touristenaufstiegen statt.

Sie verstaute ihr Werkzeugset sowie die beiden Boxen mit Ersatzteilen und den bestellten Testflüssigkeiten im Gepäckfach, das in der Innenwand des Climbers angebracht war, und schnallte sich an.

»Willkommen an Bord des Spacelifts, Paula Keller«, sagte der Bordcomputer. »Unsere heutige Reisezeit wird etwa zwei Stunden und dreiundzwanzig Minuten betragen. Ich wünsche Ihnen einen angenehmen Flug.«

»Der könnte noch wesentlich angenehmer sein, wenn du die Temperatur ein wenig herunterregeln würdest«, sagte Paula.

»Es tut mir leid, Mrs. Keller, aber wir versuchen Energie zu sparen. Der Wirtschaftsausschuss der WSA hat daher beschlossen, dass Kabinentemperaturen zwischen 10 und 35 Grad Celsius tolerabel sind.«

»So ein Schwachsinn!«, rief Paula. »Der Antriebslaser schickt uns ohne Nutzlast dreimal so viel Energie, wie wir für den Aufstieg benötigen!«
»Es tut mir leid, Mrs. Keller, aber so sind nun mal die Vorschriften«, sagte der Computer. Den ironischen Unterton in seiner Stimme musste sie sich eingebildet haben.
»Sind Sie bereit für den Aufstieg, Mrs. Keller?«
»Von mir aus kann's losgehen.«
»Sehr gut. Bei drei. Eins, zwei, dr...«
Der Rest ging in einem lauten elektrischen Summen unter. Eine heftige Vibration lief durch den Climber. Paulas Sitz drehte sich in eine schräge Rückenlage, und sie wurde von der Beschleunigung in die Polster gepresst. Aus dieser Position konnte sie durch das Panoramafenster nicht sehen, wie die Erde unter ihr zurückwich und kleiner wurde. Sie merkte nur, dass nach ein paar Minuten der Himmel dunkler wurde, bis schließlich das helle Blau einem samtenen Schwarz wich und sie die Sterne sehen konnte.
»Kabinenbeleuchtung ausschalten«, sagte Paula.
In der Kabine wurde es dunkel, bis auf beleuchtete Streifen, die den Weg zu den Notausgängen wiesen. Nicht, dass einem in einer Höhe von über hundert Kilometern ein Notausgang irgendetwas genützt hätte. Durch die Panoramafenster leuchteten Zehntausende Sterne, kalt und ohne jedes Funkeln, so wie sie es seit Jahrmilliarden getan hatten.
Der Sitz drehte sich in die senkrechte Lage zurück, als der Beschleunigungsdruck nachließ und der Climber sich seiner Reisegeschwindigkeit von mehr als fünfzehntausend Stundenkilometern näherte. Das vertraute Gefühl des Fallens stellte sich ein, das mit dem Eintritt der Schwerelosigkeit verbunden war.
Jetzt konnte Paula die blaue Erdscheibe unter sich sehen. Sie waren bereits so hoch, dass man die Kugelform deutlich erkennen konnte. Wie immer wurde sie bei diesem Anblick von einem seltsamen Gefühl ergriffen. Sie war so schön und kostbar, diese blaue Kugel, und so einsam in dieser unendlichen kalten Weite. Es war unfassbar, wie rücksichtslos die Menschen mit ihrer Heimat umgingen.
Nach gut zwei Stunden Reisezeit erreichte sie den Umkehrpunkt, an dem der Climber mit dem Bremsmanöver begann. Jetzt wurde die Bewegungsenergie

der Kapsel wieder in elektrische Energie umgewandelt, die mit einem kleineren Laser vom Climber zur Versorgung an die Kopfstation übertragen wurde. Der Sitz drehte sich mit ihr, so dass sie nun – von der Erde aus gesehen – kopfüber saß. Dann wurde sie erneut in den Sitz gepresst, als das Bremsmanöver begann. Die Erde schien jetzt über ihr zu schweben, ein großer Himmelskörper, aber doch nur noch ein Himmelskörper in einem unendlichen Meer von Sternen.

Lichao Wang stand in der kleinen Waschzelle seiner Kabine. Heiße Nebelschwaden umhüllten ihn, reinigten seinen Körper und entspannten seine verkrampfte Nackenmuskulatur. Dunkle, schwebende Klänge durchdrangen seinen Körper wie Wellen eines öligen Meers: Die »Serenade 3.2C« von Peredox, einer musikalisch hochbegabten Künstlichen Intelligenz, deren kompositorische Fähigkeiten nach Meinung von Experten die von Mozart übertrafen. Die Musik passte zu seiner gedrückten Stimmung. Es war einfach nicht fair, dass nun alles vorbei sein sollte.

Mehr als fünf Jahre arbeitete er jetzt mit Bob Sanders zusammen. Zu Anfang hatte er sich über dessen grobe Art, seinen flachen Witz, seine hektischen Bewegungen geärgert. Er hatte geglaubt, die alte Doktrin von der Überlegenheit des chinesischen Volkes bestätigt zu sehen. Wenn das der beste Wissenschaftler war, den die Amerikaner zu bieten hatten, dann war es ein Wunder, dass nicht schon der gesamte nordamerikanische Kontinent Teil der Asiatischen Allianz geworden war, so wie die früheren US-Bundesstaaten Kalifornien, Washington, Alaska und Hawaii.

Doch nach und nach war Lichao klargeworden, dass unter der groben Oberfläche ein komplexer Charakter verborgen lag. Zunächst war ihm die Selbstironie aufgefallen, mit der Bob sich und seine amerikanischen Landsleute betrachtete. Besonders seit dieser frühere Wanderprediger Willcox vor knapp vier Jahren US-Präsident geworden war und seitdem versuchte, die traurigen Reste der Vereinigten Staaten von Amerika in einen strengen Gottesstaat zu verwandeln. Dann hatte er Bobs Intelligenz und ungestüme Kreativität zu schätzen gelernt, die so anders waren als die vorsichtige, systematische Arbeitsweise, die er an der Universität in Shanghai gelernt hatte.

Im selben Maß, wie sich das Verhältnis zwischen der an sozialer Marktwirtschaft orientierten Asiatischen Allianz und den ultrakonservativen USA abkühlte, hatte er sich mit dem amerikanischen Wissenschaftler angefreundet. Hier oben waren sie weit entfernt von den kleinlichen Prinzipienstreitereien ihrer Regierungen. Hier oben zählte nur der Mensch, nicht das System.

Es war ein trauriger Gedanke, dass sie bald für immer getrennte Wege gehen würden. Vielleicht konnte er Wissenschaftsrat Luo überzeugen, Bob ein Angebot ...

Bobs Stimme durchdrang die dröhnende Stille der Musik. »Lichao, komm mal her und sieh dir das an!«

Es war typisch, dass Bob sich nicht um Lichaos Ruhepause kümmerte und ihn in seiner ungestümen Art aus seinen Gedanken riss. Aber die Dringlichkeit in seiner Stimme wirkte echt.

Lichao stellte den Dampfstrahl aus, trocknete sich flüchtig mit Papiertüchern ab und zog hastig seinen Overall über. Als er in das Labor kam, stand Bob vor dem Synthesizer.

Ungläubig starrte Lichao auf den Anzeigebildschirm des Geräts. »Energie-Effizienz 83 %« stand dort. Sein Herz setzte einen Schlag aus. Dann besann er sich darauf, was er gelernt hatte: Traue nie dem Augenblick.

»Was hast du gemacht?«

»Ich weiß nicht«, sagte Bob. »Ich verstehe es nicht. Es ergibt keinen Sinn. Gut möglich, dass die Anzeige spinnt.«

»Zeig mal das Kristallgitter.«

Bob machte eine Bewegung mit dem Kontrollstift in seiner Hand, und die dreidimensionale Struktur erschien vor ihm in der Luft.

»Haben wir diese Kombination nicht gestern schon mal getestet?«, fragte Lichao.

Bob nickte. »Ich wollte noch mal einen exakten Stabilitätswert haben, bevor ich die Kristallstruktur verändere.«

»Aber das hier liefert völlig andere Effizienzwerte. Das kann doch nicht sein.«

»Ich sag ja, die Kiste ist kaputt. Fällt doch sowieso alles auseinander hier.«

Lichao zuckte mit den Schultern. »Ich habe erst gestern alle Systeme gecheckt.«

»Dann machen wir es eben ... he, verdammt!« Die Anzeige der Energie-Effizienz zeigte jetzt 0 Prozent an. Darunter stand: »Kristallstruktur zerfallen«.

»Na toll«, sagte Bob. »Für einen Moment hatte ich schon gedacht ... Tut mir leid, dass ich dich dafür aus der Dusche geholt habe.«

»Schon okay«, sagte Lichao. »Überprüfe einfach ...« Er stockte, als sein Kommunikationshandschuh piepte. »Bin gleich zurück.«

Er ging in seine Kabine und legte das Gespräch auf den Holobeamer. Es war Tian. Sie trug einen dunkelgrünen Seidenkimono, unter dem sich ihr mächtig angeschwollener Bauch abzeichnete.

»Hallo Liebste«, sagte Lichao. »Dein Antlitz ist wie das Licht der Morgensonne, das sich im Tautropfen auf einer Lotusblüte spiegelt!«

Tian kicherte. »Du sollst mich nicht immer zum Lachen bringen!«

»Meinst du, es ist nicht gut für meinen Sohn?«

»Irgendwie ist Lachen anstrengend, wenn man einen Körper hat wie ein Elefant auf zwei Beinen. Außerdem ist es eine Tochter, das weißt du genau!«

»Ist es nicht!«

»Ist es doch. Hier, sieh mal genau hin!« Sie öffnete ihren Kimono und ließ einen Scanner über ihren Unterleib gleiten. Vor ihr in der Luft erschien das dreidimensionale Bild des Babys. Sie war wunderschön.

»Alles, was ich wollte, war, dass du den Kimono aufmachst«, sagte Lichao.

Erschrocken bedeckte Tian ihre nackten Brüste, die bereits beträchtlich an Größe zugelegt hatten, und warf ihm einen finsteren Blick zu. »Du Wüstling!« Doch augenblicklich kehrte das warme Lächeln in ihr herzförmiges Gesicht zurück. Lichao wurde schmerzlich bewusst, wie sehr ihm ihre Nähe, ihr warmer Körper fehlten. Das war zumindest ein Lichtblick in Bezug auf die bevorstehende Schließung der Station: Er würde immer bei ihr sein.

»Wir müssen uns langsam Gedanken über einen Namen machen«, sagte sie.

»Darüber habe ich bereits intensiv nachgedacht. Sie heißt Roberta.«

Tian sah erschrocken aus. »Das meinst du doch nicht ernst!«

Jetzt war es an Lichao, zu kichern. »Natürlich nicht!«

»Lichao Wang, du bist und bleibst ...«

Ein Piepen unterbrach sie. Über ihrem dreidimensionalen Bild erschien ein Schriftzug: Dringlichkeitskommunikation.

»Ich muss Schluss machen. Ich melde mich später noch mal.« Er wechselte den Kanal, und mit tiefem Bedauern sah er, wie sich die große Liebe seines Lebens in Wissenschaftsrat Luo verwandelte.

»Genosse Wang! Wie ich soeben erfahren habe, gibt es bedeutende Fortschritte!«

Lichao zuckte unwillkürlich zusammen. Es war leicht zu vergessen, dass ihre Arbeit hier oben permanent überwacht wurde. »Ich fürchte, Genosse Wissenschaftsrat, es handelt sich um einen technischen Fehler. Dr. Sanders überprüft gerade die Geräte.«

»Sie überlassen das dem Amerikaner?« Luo spuckte das Wort aus wie eine verdorbene Frucht.

»Dr. Sanders ist ein fähiger Wissenschaftler. Ich wollte ohnehin mit Ihnen darüber sprechen, ob wir ...«

»Sie dürfen ihm nicht trauen, Genosse Wang!«, sagte Luo. »Die Amerikaner haben so gut wie alle internationalen Verträge gebrochen. Es ist nicht anzunehmen, dass sie sich an unsere Abmachung in Bezug auf die wissenschaftliche Arbeit in der Solaris-Station halten.«

»Genosse, ich bin sicher ...«

»Sie haben mich bestimmt verstanden. Und denken Sie daran, was ich Ihnen gesagt habe: Wenn es bemerkenswerte Ergebnisse gibt, dann will ich es zuerst wissen. Ich erwarte, dass Sie mich kontaktieren und nicht umgekehrt. Habe ich mich klar genug ausgedrückt?«

»Selbstverständlich. Ich ...«

»Das Gespräch ist beendet.« Luos Bild verschwand.

Einen Moment lang starrte Lichao auf die leere Stelle, wo eben noch die Holoprojektion erschienen war. Das Gespräch beunruhigte ihn. Luo war schon immer ein arroganter Idiot gewesen, ein typischer Funktionär. Aber seine Stimme hatte Spuren von Nervosität verraten, die Lichao bisher nicht bei ihm beobachtet hatte. Was immer dort unten auf der Erde vorging, die Lage schien sich zuzuspitzen.

Paula betrat die Schleuse. Sie hatte Schwierigkeiten, sich an die niedrige Schwerkraft in der Station zu gewöhnen, und stieß sich den Kopf an einem

Schott. Nicht zum ersten Mal dachte sie, dass es vielleicht eine gute Idee wäre, die Kanten der Durchgänge zu polstern.

Bob und Lichao waren im Labor. »Hallo Jungs«, sagte sie, als sie den schmalen, länglichen Raum betrat, dessen Wände von oben bis unten mit Geräten, Anzeigen und Schalttafeln bedeckt waren.

Bob machte ein ernstes Gesicht und sah auf das Display in seinem linken Ärmel. »Hallo, Schatz! Schön, dass du endlich nach Hause kommst! Wird auch Zeit. Hier muss mal wieder gründlich saubergemacht werden, und das Geschirr ist auch nicht abgewaschen. Ich hoffe, du hast wenigstens eingekauft – der Kaffee ist nämlich alle!«

»Ich glaube, ich gehe wieder«, sagte Paula und machte Anstalten, auf dem Absatz umzukehren.

Lichao zog ein verzweifeltes Gesicht. »Bitte, bitte, Doktor, lassen Sie mich nicht wieder mit diesem Typen allein! Bitte!«

»Tut mir leid«, sagte sie. »Aber ich habe die ausdrückliche Anweisung, euch beide hier einzumauern, wenn die Station verschrottet wird. Auf der Erde gibt es inzwischen so viele Verrückte, dass für euch in den Irrenhäusern einfach kein Platz mehr ist.« Sie wurde ernst. »Habt ihr die Sache in Kasachstan mitgekriegt?«

»Schon wieder die Pipeline?«, fragte Lichao.

Paula nickte. »Willcox denkt, es waren deine Leute, Lichao.«

Lichao wurde blass. »Aber die Gegend ist doch schon seit Jahrzehnten von Guerillabanden ...«

»Der Präsident glaubt, die Angriffe würden von der Allianz geschürt, als Reaktion auf das geheime Öllieferungsabkommen mit den Russen. An der Grenze zu Kalifornien ist es schon zu gewalttätigen Demonstrationen gekommen, und die Ultrarechten tun alles, um den Konflikt zu schüren und die Massen anzuheizen.«

»Das heißt, es gibt Krieg«, sagte Bob.

»Vielleicht wird es ja doch nicht so schlimm«, sagte Lichao. »Vielleicht beruhigen sie sich alle wieder. So wie damals, bei der Japan-Krise ...«

»Diesmal geht es um mehr als um Technologie, Lichao«, sagte Bob. »Diesmal geht es um die letzten Energievorräte der Erde!«

»Dann müssen wir das Energieproblem eben lösen«, sagte Lichao.
Bob schüttelte den Kopf. »Ich frage mich, woher du plötzlich diesen Optimismus nimmst.«
»Und wenn ich auch wüsste, dass morgen die Welt untergeht, ich würde noch heute einen Apfelbaum pflanzen!«, sagte Lichao.
»Konfuzius?«
»Noch mal.«
»Mao?«
»Nein.«
»Altes chinesisches Sprichwort?«
»Martin Luther.«
»Das wäre mein nächster Tipp gewesen.«
Paula schüttelte den Kopf. »Dann seht mal zu, dass ihr die magische Formel findet und die Welt rettet, Jungs«, sagte sie. »Ich repariere inzwischen den Generator.«
Sie hatte noch einen frechen Spruch von Bob erwartet, aber die beiden hatten sich schon wieder dem Synthesizer zugewandt. Offenbar hatten sie die Hoffnung tatsächlich noch nicht aufgegeben. Irgendwie rührte sie das an. Die ganze Welt stand am Abgrund eines globalen Krieges, und die beiden tüftelten hier oben unermüdlich weiter. Dabei standen die Chancen eins zu zehntausend, dass das Unheil noch aufzuhalten war.
Als sie zwei Stunden später das Labor betrat, standen Bob und Lichao immer noch an derselben Stelle vor dem Synthesizer, als hätten sie sich in der ganzen Zeit überhaupt nicht bewegt. »Ich verschwinde dann mal wieder«, sagte sie.
Bob wandte sich zu ihr um. Sein Gesicht zeigte Überraschung. War da auch eine Spur von aufrichtigem Bedauern? »Das war aber ein kurzer Besuch!«
Paula grinste. »Mehr hat der Nervenarzt mir nicht erlaubt. Er will nicht, dass ihr euch zu sehr aufregt.«
»Du bist aber nun mal aufregend, Schätzchen!«, sagte Bob. »Wollen wir nicht noch ein kleines bisschen in meine Kabine gehen? Ich habe da eine tolle Sammlung von Weltraumkäfern, die ich dir unbedingt mal zeigen wollte!«
Gegen ihren Willen musste Paula lachen. »Das sind keine Weltraumkäfer, das ist das Ungeziefer aus deinen Haaren! Du solltest wirklich mal wieder duschen!«

»Okay, mach ich. Aber du seifst mich ein, ja?«

»Tut mir leid, aber mein Bus fährt gleich ab.«

»Könntest du dir vielleicht den Synthesizer noch mal ansehen?«, fragte Lichao. »Wir versuchen jetzt schon seit drei Stunden, den Fehler zu finden, aber alles scheint in Ordnung zu sein.«

Paula sah auf die Uhr. Eigentlich musste sie die Station in spätestens zehn Minuten verlassen, um das Kabel für den nächsten Touristenexpress frei zu machen. Sie zuckte mit den Schultern. Angesichts der Aufgabe, die Welt zu retten, würden sich die Mondausflügler vielleicht ein paar Minuten gedulden können.

»Was ist das Problem?«, fragte sie.

»Wir haben vorhin ein Ergebnis von 83 Prozent Energie-Effizienz gehabt.«

Paula sog scharf die Luft ein. »Das bedeutet ...«

Lichao schüttelte traurig den Kopf. »Wir können es nicht reproduzieren. Es muss ein Messfehler sein. Aber alle Tests verlaufen problemlos.«

Paula runzelte die Stirn. Sie führte die Testreihen erneut durch – ohne Fehler. Auch ihre Messgeräte zeigten weder Spannungsschwankungen noch Magnetfelder oder andere Störeinflüsse. Nach einer halben Stunde war sie sicher, dass der Synthesizer und die Testapparatur tadellos funktionierten. »Wenn man alle anderen Möglichkeiten ausgeschlossen hat, dann muss das, was übrigbleibt, die Wahrheit sein«, sagte sie.

»Immanuel Kant?«, fragte Lichao.

»Sherlock Holmes!«, sagte Bob.

»Und das bedeutet?«, fragte Lichao.

»Das bedeutet, dass ihr beide entweder halluziniert oder dass ihr tatsächlich für kurze Zeit einen Kristall mit 83 Prozent Energie-Effizienz erzeugt habt.«

Lichao blickte ins Leere. »Aber wie?«, fragte er leise. »Was haben wir anders gemacht?«

Machtspiele

»Und?«, fragte die Ministerin. Ihr Hologramm schwebte halb transparent vor Kopf des schmalen Konferenztisches. Admiral Miku konnte hinter ihr schwach das Bild des Premierministers an der Wand des kleinen, abhörsicheren Raums erkennen.

»Willcox tobt!«, sagte Xiang Wu, der Chef des Sicherheitsdienstes. Sein Hologramm zeigte ein leichtes Lächeln. Er sah so harmlos aus mit seiner runden Brille, den kurzen, glatten Haaren und seinem jungenhaften Gesicht. Aber Admiral Miku hatte genug Gerüchte über ihn gehört.

»Das meinte ich nicht«, sagte die Ministerin. Ihr silbernes Haar verlieh ihr den Anschein von Weisheit und Würde, doch in Wahrheit war sie eine machthungrige, ehrgeizige Person mit ausgeprägtem politischen Instinkt, aber eher durchschnittlichem Verstand. »Genosse Luo, was ist mit dieser Meldung über Fortschritte bei unseren Experimenten zur Solarenergie?«

»Das war wohl falscher Alarm«, sagte Luo. Sein Gesicht mit der hohen Stirn wirkte in der 3D-Projektion noch blasser als sonst. »Offenbar eine Fehlfunktion.« Er rieb sich unablässig die Hände, als müsse er sich von irgendeiner Schuld reinwaschen. Es waren düstere Zeiten, wenn die wirtschaftliche Zukunft der Allianz von Menschen wie ihm abhing.

»Eine Fehlfunktion. Und dafür holen Sie mich mitten in der Nacht aus dem Bett?«

»Genossin Minister, ich wollte nur ... ich meine, ich wusste ja nicht ...«

Die Ministerin schnaubte verächtlich. »Sehen Sie zu, dass Ihr Mann an Bord der Kopfstation Ergebnisse produziert, verdammt! Heute morgen war der Premierminister wieder bei mir. Jetzt, wo uns die Russen in den Rücken gefallen sind, steuern wir auf die größte Rezession der Weltgeschichte zu!«

»Die Russen werden es noch bereuen, dass sie den Deal gemacht haben«, sagte Wu. »Sie werden bald einsehen, dass sie kein Geld von den Amerikanern bekommen werden, wenn sie nicht in der Lage sind, das Öl zu liefern. Und unsere Freunde in Kasachstan sorgen dafür, dass ...«

»Schon gut, Wu. Wir haben alle die Nachrichten gesehen. Admiral, Sie haben noch gar nichts dazu gesagt.«

Miku sah sich in dem kleinen Raum im Bunker des Hauptquartiers um. Die Projektionen der übrigen Teilnehmer wirkten wie eine Versammlung von Gespenstern. Er bevorzugte es, Menschen Auge in Auge gegenüberzusitzen.

»Ich halte es für einen Fehler, die Amerikaner zu provozieren«, sagte er.

Einen Moment lang herrschte eisiges Schweigen. Wu warf ihm einen vernichtenden Blick zu. Es gehörte sich nicht, einen gleichrangigen Beamten vor sei-

nem Vorgesetzten zu kritisieren, und Wu nahm jegliche Kritik besonders übel.
»Würden Sie das bitte näher erläutern?«, sagte die Ministerin.
»Ich halte es für wahrscheinlich, dass die Amerikaner versuchen werden, die Pipeline mit Gewalt zu verteidigen. Vermutlich denken sie bereits über einen Präventivschlag nach.«
»Präventivschlag! Pah!« Wu lachte höhnisch. »Unsere Waffentechnologie ist der amerikanischen mindestens zehn Jahre voraus! Sie setzen nach wie vor auf humane Kampfsysteme. Die haben doch keine Chance gegen unsere Automaten!«
»Ich bin mir nicht so sicher, ob unsere Automaten den ›humanen Kampfsystemen‹, wie Sie das nennen, in einer Schlacht wirklich überlegen wären, Doktor Wu«, sagte Miku. »Auf dem Schlachtfeld läuft nicht immer alles nach Plan, und Menschen können immer noch besser improvi...«
Wu unterbrach ihn mitten im Satz und drückte damit seine Geringschätzigkeit aus. »Wir haben fünfmal so viele Kampfmaschinen wie sie Soldaten. Verluste können wir jederzeit durch Neuproduktion ausgleichen. Wir werden sie einfach durch unsere Überzahl an die Wand drücken!«
»Ja, genau, das ist das Problem«, sagte Miku.
Wu wollte etwas entgegnen, aber die Ministerin brachte ihn mit einer Handbewegung zum Schweigen. »Was wollen Sie damit sagen, Genosse Admiral?«
»Wenn es zu einem offenen Krieg kommt, werden die Amerikaner verlieren«, sagte Miku. »Sie werden nicht nur eine Schlacht verlieren. Sie werden hohe Verluste haben. Menschenleben. Soldaten, deren Eltern und Geschwister um sie weinen. Vor allem werden sie ihr Gesicht verlieren. Das amerikanische Volk wird sehr zornig sein. Präsident Willcox ist ein eitler und selbstgerechter Mann, der noch dazu glaubt, in Gottes Auftrag zu handeln. So jemand ist gefährlich. Die letzten fünfzig Jahre sollten uns gelehrt haben, dass selbst eine hundertfache militärische Überlegenheit nicht in der Lage ist, Fanatismus endgültig zu besiegen.«
»Ich habe immer gewusst, dass Sie als Kommandant der Streitkräfte überfordert sind, Miku«, sagte Wu. »Aber ich hatte Sie bisher nicht für einen Feigling gehalten!«
Miku zuckte angesichts der Provokation nicht einmal mit dem Mundwinkel.

Er wusste, dass Wu sich selbst damit mehr schadete als ihm. Wer jemand anderen unsachlich attackierte, dem fehlten die besseren Argumente – das wusste sogar die Ministerin.
»Sie ... Sie glauben doch nicht etwa, dass er die Bombe einsetzen wird!«, sagte Luo.
»Ich habe es mir abgewöhnt, irgendetwas zu glauben«, sagte Miku. »Aber so viel weiß ich: Der Krieg ist ein wildes Tier. Ist es einmal entfesselt, lässt es sich nicht so schnell bändigen.«
»Willcox mag ja verrückt sein«, sagte Wu, »aber er weiß, dass er nicht gewinnen kann – auch mit der Bombe nicht.«
Drückende Stille senkte sich über den Raum. Selbst Wu schien von seinen eigenen Worten nicht überzeugt zu sein.
Die Ministerin seufzte. »Also schön. Wir müssen vorsichtig sein. Genosse Wu, keine offenen Provokationen mehr. Versuchen Sie die Russen auf unsere Seite zu ziehen, aber zwingen Sie die Amerikaner nicht zum Handeln. Jedenfalls noch nicht. Und Luo, wir brauchen endlich einen Erfolg, um das Vertrauen der Investoren in unsere Wirtschaft wiederherzustellen. Sorgen Sie dafür, dass wir bei einem Durchbruch die Ergebnisse für uns allein bekommen. Dann haben wir ein Faustpfand und können mit Willcox verhandeln.«
»Genossin Minister, wie soll ich das machen? Unser Mann, Lichao Wang, ist dort oben zusammen mit diesem Amerikaner ...«
»Sie haben eine militärische Ausbildung, Genosse Luo, oder nicht? Sie werden eine Lösung finden. Die Konferenz ist beendet!«

»Ach, verdammt!« Bob schlug mit der Faust auf die Tastatur, was der Kontrollrechner mit einem empörten Piepen quittierte.
Lichao legte ihm eine Hand auf die Schulter. »Ich glaube, wir sollten mal Pause machen«, sagte er. Sie hatten fast achtzehn Stunden gearbeitet, um das Ergebnis von 83 Prozent zu reproduzieren oder wenigstens den Fehler zu finden. Sie hatten Nuancen an der Zusammensetzung der Testproben verändert in der Hoffnung, dass vielleicht eine Ungenauigkeit im Mischapparat des Synthesizers zu der erfolgreichen Variante geführt hatte. Ohne jeden Erfolg. Die Anzeige der Energie-Effizienz hatte sich nicht einmal der 40-Prozent-Marke genähert.

»Einen Versuch machen wir noch. Dann haben wir alle Varianten durch.«

»Okay. Ich mache den Synthesizer sauber.« Er nahm die Neutralisationsflüssigkeit und träufelte etwas davon auf den Lappen. Weil er übermüdet war, drückte er etwas zu fest auf die Flasche, und ein Tropfen der Flüssigkeit spritzte über den Lappen hinweg in den Innenraum des Synthesizers, der wie ein kleiner Mikrowellenherd aussah.

Lichao streckte die Hand aus, um den Tropfen aufzuwischen. Dann fror seine Bewegung ein.

»Was hast du?«, fragte Bob. Er rüttelte ihn leicht an der Schulter. »Bist du jetzt im Stehen eingeschlafen?«

Lichao antwortete nicht. Konnte es sein? Er betrachtete die Flasche mit Neutralisationsflüssigkeit. Die chemische Verbindung war auf dem Etikett angegeben. Es war eine aggressive Lösung auf Alkoholbasis, die fast alle chemischen Strukturen auflöste. Das bedeutete, dass sie mit den Substanzen, mit denen sie in Berührung kam, reagierte.

»Ich glaube, ich weiß, was passiert ist«, sagte Lichao.

Bob starrte ihn an, dann die Flasche, dann wieder Lichao. »Du bist ein Genie!«, rief er.

»Nein, nur eine schlechte Putzfrau.«

»Also los. Wir erhöhen die Beimischung der Neutralisationslösung in 2-Promill-Schritten.«

Lichao gähnte. »Meinst du nicht, wir sollten uns erst mal ein bisschen ausruhen? Wenn man zu lange durcharbeitet, fängt man an, Fehler zu machen, und ...«

»Komm schon, Lichao! Wenn du nicht gerade einen Fehler gemacht hättest, wären wir nie auf die Lösung gekommen. Außerdem habe ich hier noch einen kleinen Helfer.« Bob hielt ihm eine kleine rote Kapsel hin.

»Was ist das? Das ist doch nicht ...«

»Doch.«

»Die sind illegal!«

Bob nahm eine der Pillen. »Legal, illegal, scheißegal. Das ist von Lao Tse, glaube ich.«

»Glaube ich nicht.«

»Also, machen wir jetzt weiter, oder was?«
»Okay. Aber deine Pille kannst du behalten. Ich schaff das auch so.«
Bob zuckte mit den Schultern und wandte sich wieder dem Synthesizer zu.
Nur vier Stunden später hatten sie es. Sie überprüften das Ergebnis dreimal, jedes Mal mit eindeutig positivem Resultat. Die Substanz ermöglichte nachweislich eine Energieausbeute von mehr als 83 Prozent. Sie war noch etwas instabil, aber Lichao hatte schon eine Idee, wie er das Kristallgitter gegen die harte Strahlung festigen konnte.
Seine Müdigkeit war wie weggeblasen. Sie waren kurz davor, die Energieprobleme der ganzen Welt zu lösen! Und nebenbei hatten sie einen Weg gefunden, den Spacelift zu retten.
Er sah Bob an. Der Amerikaner grinste. Lichao lächelte leicht. Dann fielen sie einander in die Arme.
»Ich glaube, ich habe da noch irgendwo eine Flasche Champagner«, sagte Bob.
»Alkohol? Spinnst du?«
»Komm schon, du denkst doch jetzt nicht ernsthaft über deine Krankenversicherungsprämie nach, oder?«
»Also schön, ausnahmsweise! Wenn es jemals einen Grund gegeben hat, Champagner zu trinken, dann ...«
Lichaos Kommunikator piepte.
»Das war schnell«, sagte Bob mit einem Augenzwinkern.
»Big brother is watching you!«
»Philip K. Dick?«
»Orwell. Ich sollte das Gespräch wohl besser annehmen.«
»Geh ruhig. Ich kriege bestimmt gleich auch einen Anruf.«
Lichao ging in seine Kabine und legte die Kommunikation auf den Holoprojektor. Zu seiner Verblüffung erschien das Bild von Tian.
»Hallo, meine Regenblüte!«, rief Lichao. »Dein Haar ist wie ...« Er stutzte. Tians Gesichtsausdruck wirkte angespannt. »Was ist los? Ist etwas mit dem Baby? Wo bist du?«
»In einem Hotel.«
Das Bild von Tian verschwand, als sei sie zur Seite geschoben worden, und Luo

erschien. »Es ist ein sehr gutes Hotel, Genosse Wang«, sagte er. »Wir kümmern uns um Ihre Frau, aber wir machen uns auch ein wenig Sorgen. Es wäre nicht gut für Sie und Ihre junge Familie, wenn Sie vergäßen, wem gegenüber Sie zu Loyalität verpflichtet sind!«

»Luo, Sie Schwein! Ich werde Sie ...«

»Glauben Sie mir, Genosse Wang, ich tue das nicht gern. Aber wir sind in einer verzweifelten Lage. Wir brauchen unbedingt ein Ergebnis. Wie ich höre, haben Sie mehrfach hintereinander ein beeindruckendes Resultat erhalten. Ich frage mich, warum Sie mich nicht augenblicklich informiert haben.«

»Ich war im Begriff, Sie anzurufen. Wir wollten erst sicher gehen, dass es nicht wieder ein Messfehler ...«

»Genosse Wang, Sie haben mich, glaube ich, immer noch nicht richtig verstanden. Es ist nicht nur erforderlich, dass Sie mir die Ergebnisse übermitteln. Es ist vor allem wichtig, dass die Amerikaner sie nicht bekommen!«

»Das ... das ist doch nicht ihr Ernst! Ich habe das Resultat gemeinsam mit Dr. Sanders ...«

Luos Augen wurden schmal. »Ich werde nicht mit Ihnen diskutieren, Wang! Sie sind jetzt nicht mehr Wissenschaftler, Sie sind Soldat der Armee der Allianz. Ich werde Ihnen Ihre Befehle mitteilen. Und glauben Sie mir, es ist sehr im Interesse Ihrer Frau, dass Sie diese genau befolgen!«

»Wissenschaftsrat Luo, wir haben hier die Lösung für die Energiekrise! Es gibt keinen Grund mehr, die Amerikaner ...«

»Hören Sie mir genau zu. Wir haben die Kommunikationsleitungen der Amerikaner für etwa eine Stunde unterbrochen. So lange können wir die Illusion erzeugen, dass es sich um einen technischen Defekt in der Datenübertragung handelt. Sie tun jetzt Folgendes ...«

Mit wachsendem Entsetzen hörte Lichao zu. Dann brach Luo das Gespräch ab. Einen Moment lang war Lichao unfähig, sich zu rühren. Er sah auf das Display an seinem Handgelenk. Die Zeit lief unbarmherzig.

Er entfernte die Verkleidung der Wand hinter seinem schmalen Bett, wie Luo ihn angewiesen hatte. Dort befand sich eine Klappe, die mit einem altmodischen Nummernschloss gesichert war. Er tippte die zwölfstellige Kombination, die ihm Luo genannt hatte. Die Tür sprang auf. In einem kleinen Fach

befand sich eine Spezialwaffe, die winzige Flüssigkeitstropfen mit hoher Energie verschießen konnte. Luo hatte ihm nicht verraten, ob die Flüssigkeit in der Waffe nur eine betäubende oder eine tödliche Wirkung hatte, aber er konnte es sich denken.
Mit zitternden Händen nahm er sie aus dem Fach.

Nachrichten

Bob sah auf die Uhr. Champagner perlte in zwei Plastikbechern auf einer von der Wand heruntergeklappten Arbeitsplatte. Wo blieb Lichao? Und wieso hatte sich Houston noch nicht gemeldet? Die waren doch sonst immer so schnell, wenn es darum ging, seinen Arbeitsablauf durcheinander zu bringen. Er konnte sich nicht vorstellen, dass sie noch nichts von den Ergebnissen der Tests wussten.
Lichao betrat den Raum. Er war blass und wirkte angespannt, als habe er eine schlechte Nachricht bekommen.
»Was machst du für ein Gesicht?«, fragte Bob. Er hielt seinem Kollegen ein Glas Champagner hin. »Komm schon, wir haben allen Grund zu fei…« Er stockte, als er sah, was Lichao in der Hand hielt.
»Sie … sie haben Tian«, sagte der Chinese. »Sie verlangen, dass ich dich …«
Bob erbleichte. »Lichao! Du wirst doch nicht ernsthaft … wir sind doch Freunde …«
Lichaos Gesicht war eine unbewegliche Maske.
Bob spreizte Daumen und Zeigefinger, um seinen Kommunikator zu aktivieren, doch es erschien nur eine Störmeldung.
»Gib dir keine Mühe. Meine Leute haben die Kommunikation unterbrochen. Sie haben es wie eine Störung aussehen lassen. Sie sagen, ich habe eine Stunde.«
»Lichao, bitte! Ich …«
Ein dünnes, trauriges Lächeln umspielte Lichaos Lippen. Er legte die Pistole vor Bob auf den Klapptisch, genau neben das unberührte Champagnerglas. »Hast du wirklich geglaubt, ich bringe dich um?«
»Na ja, dass du ein Psychopath bist, weiß ich seit fünf Jahren!«
Tränen glitzerten plötzlich in Lichaos sonst so gefühlsarmem Gesicht. »Ver-

dammt, Bob! Ich weiß nicht, was ich machen soll! Sie werden sie umbringen, oder Schlimmeres!«

»Sie wollen die Ergebnisse für sich allein, richtig?«

»Es tut mir leid. Ich schäme mich so für mein Volk!«

»Mach dir keine Gedanken. Ich bin sicher, meine Leute hatten dasselbe vor. Sie waren nur nicht schnell genug. Menschen sind so.«

»Nicht alle«, sagte Lichao.

»Nicht alle«, stimmte Bob zu.

»Was machen wir jetzt?«, fragte Lichao.

»Das ist simple Ökonomie«, sagte Bob. »Sie erpressen dich, weil sie etwas haben wollen, das sehr wertvoll für sie ist. Wir müssen nur dafür sorgen, dass es absolut wertlos ist, dann werden sie Tian freilassen.«

»Absolut wertlos? Die Formel für unbegrenzte Energie?«

»Wertvoll ist etwas nur dann, wenn es selten ist.«

»Ist das wieder so ein Zitat?«

»Keine Ahnung.«

»Und wie willst du ...« Lichao hielt inne, als ein Gedanke sein Gesicht erhellte. »Du willst die Formel veröffentlichen! Aber wie? Sie haben die Kommunikationsleitungen gekappt!«

»Wir haben noch den Laser.«

»Den Laser? Welchen Laser?«

»Den Antriebslaser für die Climber.«

Lichao sah ihn an, als fürchte er um Bobs Verstand. »Der Antriebslaser steht auf der Ankerplattform. Ein Laserstrahl lässt sich nicht verbiegen. Alles auf der Erde, das weiter weg ist als ein paar Meilen, liegt unterhalb des Horizonts! Wir könnten höchstens versuchen, die Mondstation ...« Er machte ein paar Berechnungen auf dem Display an seinem Handgelenk. »Nein, der Mond steht über der anderen Hemisphäre. Es dauert zu lange, bis er wieder in unser Blickfeld kommt. Außerdem haben wir ohnehin keine Möglichkeit, den Strahl zu modulieren. Es würde nicht funktionieren.«

»Du hast den Rückkanal vergessen, junger chinesischer Freund«, sagte Bob mit einem Grinsen. Um den Laser stets punktgenau auf die Energieabsorber der Climber zu richten, besaß jeder Climber einen eigenen Kommunikationslaser

zur Basisstation, mit dem er seine Position und die empfangene Energieleistung zurückmeldete.
»Schön und gut, aber wir haben keinen Climber hier! Paula ist längst unten, und eine Mondtour ist, soviel ich weiß, erst wieder in zwei Tagen geplant. Das heißt, warte mal, es gibt doch noch ...«
»... das Notfall-Reparatursystem. Genau!«
»Okay, das könnte klappen. Aber das Steuerungssystem des Lasers ist nicht mit dem Netz verbunden. Du kannst zwar die Messergebnisse mit dem Rückkanal senden, aber auf der anderen Seite wird niemand zuhören!«
»Dann müssen wir eben jemanden da unten dazu bringen, dass er zuhört!«

Paula Keller hatte den langweiligsten Job auf dem Planeten. Meistens. Als Leiterin des technischen Überwachungsdienstes hatte sie dafür zu sorgen, dass alle technischen Geräte an Bord der Kopfstation und hier auf der Ankerplattform reibungslos funktionierten und bei Bedarf ausgetauscht oder repariert wurden. Den weitaus größten Teil ihrer zwölfwöchigen Dienstperiode tat sie vollkommen sinnlose Dinge. Die Computerprogramme, die für ein reibungsloses Funktionieren des Spacelifts sorgten, kamen prima ohne ihre Hilfe aus. Trotzdem war Paula gezwungen, täglich ihre Testroutinen zu absolvieren, um sicher zu gehen, dass wirklich alles funktionierte. Ihre seltenen und viel zu kurzen Ausflüge zur Kopfstation waren die einzige Abwechselung in ihrem monotonen Arbeitsalltag. Doch heute war alles anders.
Es hatte damit begonnen, dass die Jungs da oben offenbar einen Durchbruch erzielt hatten. Auf den Kontrollmonitoren, die ihr den Status der Experimente an Bord der Kopfstation zeigten, hatte sie mehrfach den Wert 83 Prozent gelesen. Immer noch möglich, dass es sich um denselben technischen Fehler handelte, den sie kürzlich vergeblich gesucht hatten. Wahrscheinlicher jedoch, dass es den beiden gelungen war, das erfolgreiche Experiment zu wiederholen. Somit war die Lösung der Energieprobleme der Menschheit greifbar nahe gerückt – vielleicht gerade noch rechtzeitig, um die säbelrasselnden Irren überall auf der Welt wieder zur Vernunft zu bringen.
Doch diese Hoffnung wurde schnell zerstört. Kurz nachdem die positiven Testergebnisse übermittelt worden waren, hatte es eine Dringlichkeitskommuni-

kation mit dem Wissenschaftsrat der Asiatischen Allianz gegeben. Das war nicht überraschend; Paula wusste natürlich, dass die Arbeitsergebnisse der Kopfstation von vielen Stellen überall auf der Welt überwacht wurden.
Seltsam war allerdings, dass sich ihre amerikanischen Landsleute noch nicht gemeldet hatten. Und dann war die Kommunikation zur Kopfstation abgebrochen. Offenbar ein Totalausfall des Kommunikationsservers.
Paula war sofort misstrauisch geworden. Nicht nur, dass ein Totalausfall des mehrfach redundanten Systems technisch kaum vorstellbar war. Es erschien ihr auch als ein mehr als merkwürdiger Zufall, dass dies genau in dem Moment geschah, in dem die vielleicht wichtigste Botschaft übermittelt werden sollte, die die Menschheit je bekommen hatte. Doch sie hatte den Fehler nicht lokalisieren können. Weder der Hauptserver noch das Backup- und das Notfallsystem konnten einen Kontakt zur Kopfstation herstellen, obwohl sie einwandfrei zu funktionieren schienen. Es war, als seien sie einfach in den Streik getreten.
Paula hatte die Störung natürlich sofort dem Hauptquartier der World Space Association mitgeteilt, ihren Sabotageverdacht jedoch zurückgehalten. Sie ahnte, dass das Wort Sabotage gerade bei der US-Regierung vorschnelle und überzogene Reaktionen auslösen und damit eine unaufhaltsame Kettenreaktion in Gang setzen könnte. Es würde nicht mehr lange dauern, bis der Einsatztrupp der WSA eintraf – dann konnten die Vereinten Nationen sich ein eigenes Urteil bilden.
Sie machte sich nur Sorgen, was an Bord der Kopfstation los war.
Während sie gebannt die Netznachrichten verfolgte, um zu sehen, ob etwas von der Situation durchsickerte, stürmte ein junger Sicherheitsoffizier in den Überwachungsraum. »Mrs. Keller, bitte kommen Sie schnell! Der Laser spielt verrückt!«
Paula folgte ihm eine schmale Metalltreppe hinauf auf das Freideck der Plattform. Die Sonne war bereits untergegangen, und ein orangefarbenes Glühen bedeckte den Horizont, das zusehends schwächer wurde. Ein warmer Wind strich durch ihr Haar und brachte die vertrauten Geräusche der Meeresvögel, die die Plattform zu ihrer Heimat erkoren hatten.
Sie rannten zu dem Antriebslaser, einer langen Röhre auf einem hochpräzisen dreh- und schwenkbaren Untersatz, die wie eine altertümliche Kanone in den

Himmel ragte. Das Ende der Röhre schien leicht hin und her zu zittern. Irgendetwas musste den Laser aktiviert haben. Da zur Zeit kein Climber im Einsatz war, musste es sich um eine Fehlfunktion handeln. Oder jemand hatte den für Notfallreparaturen vorgesehenen Climber an Bord der Kopfstation aktiviert. Aber warum zitterte der Laser so merkwürdig?

»Schauen Sie mal, da oben!«, sagte der Sicherheitsoffizier.

Paulas Augen wanderten zum Himmel, in die Richtung, in der das Kabel in der Nacht verschwand. Sie riss die Augen auf.

Der Laser zeigte nicht auf die Kopfstation. Er war nicht genau parallel zum Kabel ausgerichtet, so viel konnte sie mit bloßem Auge erkennen. Er wich um mindestens fünf Grad davon ab, so dass er in den leeren Himmel zeigte, über den dünne Wolkenfetzen dahinzogen. Wenn einer dieser Wolkenfetzen den Laserstrahl kreuzte, glühte er in rotem Licht auf. Doch dieses rote Licht war nicht ein gleißend heller Punkt, sondern formte eckige Linien.

Es waren eindeutig Schriftzeichen, die dort am Himmel auftauchten.

Jemand musste den Antriebslaser fernsteuern. Dieser Jemand veränderte den Winkel des Strahls in rascher Folge, so dass der Eindruck von Schrift entstehen konnte – wie bei einer Lasershow aus der Zeit vor der Erfindung des Holoprojektors.

Es gab nur einen Weg, das zu tun. Der Winkel des Lasers richtete sich nach der Position des Climbers, die ihm durch einen Kommunikationslaser-Rückkanal mitgeteilt wurde. Also musste jemand den Rückkanal eines Climbers manipuliert haben. Der einzige Climber, der in Frage kam, war das Notfallreparatursystem an Bord der Kopfstation. Bob und Lichao versuchten eine Botschaft zu übermitteln.

Paula wünschte sich etwas mehr Bewölkung – dann hätte sie die Schriftzeichen besser erkennen können. So dauerte es einen Moment, bis sie aus den immer wieder aufblitzenden roten Linien rekonstruieren konnte, was dort stand: »BSLW2PKRCMSG«.

»Was soll das?«, fragte der Sicherheitsoffizier. »Ist das ein Witz, oder was?«

»Es muss eine technische Störung sein. Ich kümmere mich darum. Danke, dass Sie mich geholt haben!« Sie ließ den verblüfften Mann neben dem Laser stehen und rannte zurück in den Kontrollraum.

Sie betrachtete die Nachricht, die sie in ihr Armpad getippt hatte. Der erste Teil war ziemlich klar. BS und LW, das stand für Bob Sanders und Lichao Wang. 2 war seit den frühen Tagen des Internet ein Symbol für »an« oder »zu«. PK, das war sie selbst. Aber was bedeutete der Rest?
»RCMSG«.
Sie erinnerte sich an ihr Studium. Die Entwicklungsgeschichte der Technik war eine der langweiligeren Vorlesungen gewesen, und sie hatte oft geschwänzt. Aber sie wusste noch, dass sie einmal die frühen Datenformate besprochen hatten. Vor langer Zeit war es üblich gewesen, Dokumenten statt umfangreichen Beschreibungstexten nur kurze, wenig aussagekräftige Namen zu geben. Um den Informationsgehalt zu erhöhen, hatte man den Typ des Dokuments durch drei Zeichen, die einem Punkt nachfolgten, gekennzeichnet. Und MSG, so meinte sie sich zu erinnern, hatte einen bestimmten Dokumententyp bezeichnet: Es war die Abkürzung für »Message«, Nachricht.
Dann stand RC höchstwahrscheinlich für »Return Channel« – den Rückkanal, der den Antriebslaser steuerte. Bob und Lichao sendeten ihr eine Nachricht über den Rückkanal.
Sie startete ein Analyseprogramm, das den Datenstrom des Rückkanals in seiner Rohform darstellte – als Nullen und Einsen und als ASCII-Text. Sie sah ein Gewirr von Buchstaben, Zeichen und Ziffern, das keinen Sinn ergab.
Einen Moment starrte sie verwirrt und enttäuscht auf das Durcheinander. Dann fiel ihr ein, dass der Rückkanal ja normalerweise nicht zur Textübertragung genutzt wurde. Sie kannte den genauen Einstiegspunkt des Codes nicht. Wenn das Analyseprogramm nur um ein Bit zu früh oder zu spät mit der Umwandlung in Text begann, wurde aus einem lesbaren Text unverständlicher Unsinn.
Zum Glück gab es nur acht mögliche Einstiegsstellen, denn jedes Zeichen bestand aus acht Bit. Sie schnitt schrittweise ein Bit nach dem anderen vom Datenstrom ab. Nach vier Versuchen hatte sie den richtigen Einstieg gefunden, und aus dem unverständlichen Datenmüll wurde Klartext.
Mit großen Augen las sie, was Bob und Lichao ihr mitteilten. Dann drückte sie ein paar Tasten und schickte einen Teil der Botschaft ins globale Datennetz, wo sie sich augenblicklich hunderttausendfach verbreitete.

»Herzlich willkommen, meine Damen und Herren, zu ›Die Welt am Abend‹. Mein Name ist Dallas Ripley. Wie soeben bekannt wurde, ist die mysteriöse Wunderformel, die seit gestern im Netz kursiert, inzwischen von mehreren Labors weltweit untersucht und bestätigt worden. Es handelt sich demnach um eine kristalline Struktur, die in der Lage ist, Sonnenlicht fast vollständig in Energie umzuwandeln.
Nachdem nun also alle Energieprobleme der Welt gelöst zu sein scheinen, hat Präsident Willcox den Strom im Schwarzen Haus wieder eingeschaltet, was bei ihm, unbestätigten Gerüchten zufolge, augenblicklich zu einer Erleuchtung geführt hat.
Für übermorgen ist ein Gipfeltreffen der Vereinten Nationen anberaumt, um die Kasachstan-Krise beizulegen und noch einmal neu über das Schicksal des Spacelifts zu debattieren. Wie man hört, sind längst verworfene Pläne, riesige Solarzellenanlagen in einer Erdumlaufbahn zu installieren, inzwischen wieder aktuell. Unterdessen fielen die Aktienkurse der Mineralölfirmen um mehr als fünfzig Prozent und wurden zwischenzeitlich vom Handel ausgesetzt. Wie man hört, soll es demnächst beim Kauf eines Autos eine Tankstelle gratis dazu geben.
Ein Regierungssprecher der Asiatischen Allianz hat unterdessen Gerüchte dementiert, nach denen der überraschende Rücktritt des obersten Wissenschaftsrats der Asiatischen Allianz, Ono Luo, mit der Entdeckung in Zusammenhang steht. Luo selbst äußerte sich nicht zu den Spekulationen. Wie man hört, befindet er sich aus gesundheitlichen Gründen in einem Sanatorium auf Hawaii.
Paris. Die Liga für Persönliche Freiheit hat erneut vor dem Internationalen Gerichtshof für Menschenrechte Klage gegen die Krankenversicherung Personal ...«
Lichao schaltete den Monitor aus. Der Champagner in seinem Plastikbecher war längst schal geworden, aber er schmeckte trotzdem vorzüglich.
Bob grinste so breit, dass Lichao sich Sorgen um seine Gesichtsmuskulatur machte. »Wir haben es geschafft, mein Freund«, sagte der Amerikaner. »Wir haben die Welt gerettet!«
Lichao dachte an Tian und seine ungeborene Tochter. Sie würde in einer Welt

aufwachsen, in der Energie in unbegrenzter Menge zur Verfügung stand. Ein Grund weniger für die Menschen, aufeinander loszugehen. Aber es gab ja noch genug andere. »Meinst du wirklich, es wird besser?«

»Der dritte Weltkrieg ist erst mal verschoben. Der Spacelift wird nicht abgerissen. Tian haben sie freigelassen und euch beiden eine großzügige Entschädigung gezahlt, damit ihr den Mund haltet. Wir beide behalten unsere Jobs. Das ist doch schon mal was, oder?«

Lichao erlaubte sich ebenfalls ein Grinsen. Es fühlte sich gar nicht mal schlecht an. »Ja, das ist schon mal was!«

»Was meinst du, wie wird diese Welt in fünfzig Jahren aussehen?«, fragte Bob.

Lichao sah aus dem Deckenfenster auf die große blaue Kugel, die hoch über ihnen schwebte. »Hoffentlich immer noch genauso schön«, sagte er.

Bob schwieg einen Moment. »Stell dir vor, Erzminen im Asteroidengürtel!«

»Städte auf dem Mars.«

»Überlichtschnelle Raumschiffe.«

»Zeitmaschinen.«

»Steuergesetze, die jeder versteht.«

Lichao lachte. »Niemals!«

Einen Moment schwiegen beide, jeder in seine eigenen Gedanken über die Zukunft versunken. »Wenn das Leben dir ein Glas Champagner schenkt, dann freu dich und trink es aus!«, sagte Bob und hob seinen Plastikbecher.

»Roosevelt?«

Bob schüttelte den Kopf. »Versuch's noch mal.«

»Rockefeller?«

»Bob Sanders.«

»Das wäre mein nächster Tipp gewesen.«

Das Zeitalter nach dem Öl

Zwei Physiker entwickeln eine hocheffiziente Solarzelle und wenden damit im Jahr 2057 einen Krieg um die letzten Erdölvorkommen der Erde ab – die Geschichte der dritten Episode mag wie aus einem Märchen klingen, die realen Hintergründe, der schon heute einsetzende Kampf ums Öl, sind es allerdings nicht.

Niemand kann exakt prognostizieren, wieviel Erdöl unser Planet noch birgt, wie weit unsere Ressourcen reichen. Die Bohrtechniken werden immer raffinierter. Immer wieder werden die Goldgräber der Gegenwart fündig. Aber: Die Ausbeute bleibt angesichts unseres wachsenden Energiehungers bescheiden. Eine große Zahl an Fachleuten sieht den Zeitpunkt der maximalen Ölförderung, den sogenannten Peak of Oil, noch in diesem Jahrzehnt. Der Ölpreis schnellte schon in den vergangenen Jahren gewaltig in die Höhe. Erdöl ist gegenwärtig der Treibstoff der Welt, es ist die Muttermilch der globalen Industrie – und der Bedarf ist enorm. Allein die Herstellung eines Autos verschlingt rund 20 Barrel Öl, für die Herstellung eines winzigen Mikrochips bedarf es 1,6 kg Rohöl. Die Wirtschaften Chinas und Indiens boomen, die steigenden Zahlen ihrer Bruttoinlandsprodukte kündigen sie als die Wirtschaftsmächte der Zukunft an. Erdöl ist auch ihr Treibstoff. Um den Bedarf künftig zu decken, ist China bereit, Allianzen mit Ländern wie dem Sudan und Nigeria einzugehen: Ländern mit schwierigen Machtverhältnissen, geführt von Diktatoren, die die Macht ihrer Ressourcen erkannt haben und zu nutzen wissen. Bereits der Peak of Oil wird die Welt verändern, die Weltwirtschaft könnte ins Stocken geraten, die Preise für alltägliche Güter werden weltweit in die Höhe schnellen. Es sei denn, alternative Energien haben bis zu diesem Zeitpunkt Raum und Bedeutung erobert. Noch sind die Anfänge ihrer Erforschung und Entwicklung bescheiden, doch die ersten Schritte lassen hoffen. Die folgenden Kapitel zeigen, wie viel Energie die Zukunft birgt.

Bis zum letzten Tropfen – Ressourcenknappheit

»Wir verbrauchen zwei Barrel Öl für jedes Barrel, das wir finden« – von wem könnte dieser Slogan stammen? Von einer Umweltschutzorganisation? Von einer grünen Partei? Überraschenderweise wirbt damit der amerikanische Ölkonzern Chevron. Ein weiteres Beispiel: »Wir haben hundertfünfundzwanzig Jahre gebraucht, um eine Billion Barrel Öl zu verbrauchen. Die nächste Billion schaffen wir in dreißig Jahren.« Was ist da los, wenn ein Ölkonzern die Sorge der Verbraucher schürt, Öl könnte knapp werden? Ist das eine verquere Form von Imagewerbung, oder steckt echte Besorgnis dahinter?

Schwer zu sagen, aber echte Besorgnis ist durchaus angebracht. Die Welt wird immer gieriger nach Energie. »Schon bis zum Jahr 2030 wird sich der Energieverbrauch verdoppelt haben«, heißt es in einer internationalen Studie, die im Auftrag der EU erstellt wurde. »Fossile Brennstoffe, insbesondere Erdöl, stellen weiterhin die wichtigste Energiequelle dar, und die CO_2-Emissionen werden beinahe doppelt so hoch sein wie 1990.« Der Verbrauch in den heutigen Entwicklungsländern wird besonders stark steigen und damit einen Gutteil dessen kompensieren, was die Industrieländer einsparen. Wir verschleudern Energie, als wäre sie unbegrenzt vorhanden. Dabei weiß niemand genau, wie viel nutzbare Energie etwa in Form von Öl und Gas überhaupt noch existiert. Während manche Experten unbesorgt Optimismus verbreiten, stehen anderen die Haare zu Berge. Aber wie ist es um die fossilen Energieträger nun wirklich bestellt?

Ausnahmsweise in einem Punkt sind sich alle Experten einig: Steinkohle ist nach wie vor massenhaft vorhanden. Sie reicht mindestens noch hundert, wenn nicht zweihundertvierzig Jahre. Möglicherweise sogar noch länger, wenn der Wirkungsgrad der Kohlekraftwerke weiter erhöht würde. Zurzeit liegt er bei rund 45 Prozent, das heißt, mehr als die Hälfte der Energie verfliegt als Abwärme durch die Schornsteine. Außerdem müssen die Ingenieure den Kohlendioxidausstoß in den Griff bekommen.

Erdgas wird in Zukunft immer wichtiger. Ein Drittel des heute bekannten Erdgasvorkommens haben wir bereits abgefackelt. Trotzdem werden die Vorräte, laut BP, mindestens fünfundsechzig Jahre reichen. Die Energieversorger (z. B. Eon) sprechen von »mindestens hundertdreißig Jahren«.

Mit Abstand der wichtigste Energieträger ist das Erdöl. Zeitweise, nämlich bis zum Ölschock in den siebziger Jahren, wurde mehr als die Hälfte des weltweiten Energieverbrauchs durch Öl gedeckt, mittlerweile hat sich der Anteil bei 37 Prozent eingependelt.

Ohne Öl könnten ganze Industriezweige dichtmachen, ohne Kerosin kann kein Flugzeug starten. Aber Öl ist natürlich mehr als Energie. Ohne Öl gibt es so gut wie keine Kunststoffe, keine Düngemittel, weder Farben noch Lacke. Wenn das Öl versiegt, verschwinden auch viele wichtige Medikamente. Die Welt wird schmutziger, weil die Produktion von Reinigungsmittel eingestellt werden muss.

Die Frage, wie viel Öl heute noch existiert, ist daher lebenswichtig für unsere gesamte Zivilisation. Die Antwort lautet: Es kommt ganz darauf an, wen man fragt.

Optimisten sagen, es gibt noch unbegrenzt viel Öl, allerdings wird es zunehmend schwieriger, es zu fördern. Beispiel Tiefsee: Im November 2006 gab BP bekannt, vor der Küste Angolas ein neues Ölfeld entdeckt und probeweise schon einmal angebohrt zu haben – in einer Meerestiefe von über zweitausend Metern!

Allerdings werden die Stimmen der Pessimisten zunehmend vernehmbar. Am lautesten rufen die Anhänger der Peak-Oil-These. Als Peak-Oil oder Ölfördermaximum wird jener Zeitpunkt bezeichnet, ab dem es nur noch bergab geht: Von da an nimmt die Ölfördermenge zwangsläufig ab. Manche Experten, wie etwa der US-amerikanische Autor Kenneth Deffeyes, sagen, Peak-Oil sei längst überschritten – an Thanksgiving 2005. Glaubt man dagegen BP, reichen die heute bekannten Vorkommen noch einundvierzig Jahre. Die Internationale Energieagentur schätzt, dass noch 315 Milliarden Tonnen Erdöl im Boden lagern, eine Menge, die bei konstanter Nachfrage achtzig Jahre reichen würde.

Es gibt jedoch zwei Faktoren, die die Genauigkeit solcher Schätzungen beeinträchtigen. Zum einen deuten aktuelle Veröffentlichungen darauf hin, dass die bisherigen Angaben über die größten Öllagerstätten schlicht falsch sind. Der Ölpessimist Matthew Simmons hat zweihundert Studien der staatlichen saudischen Ölgesellschaft Aramco ausgewertet und kommt zu dem Schluss: Saudi-Arabien hat viel geringere Ölreserven als angenommen und plündert diese so aggressiv aus, dass sie viel früher ausgehen werden. Simmons prognostiziert einen Ölpreis von bis zu 250 Dollar pro Barrel – schon knapp 80 Dollar schockierten im August 2006 die Verbraucher.

Der zweite Faktor, der Schätzungen über die weltweite Ölmenge ungenau macht,

wird bistimmt von den bislang unentdeckten und unerschlossenen Ölfeldern. Besonders viel Öl und Erdgas werden in der Arktis vermutet, speziell in der russischen. Bis vor kurzem war es schlicht unwirtschaftlich, Öl und Gas auf dem Kontinentalschelf im Norden Russlands zu fördern. Extremer Frost, heftigste Stürme und jede Menge Eis gefährden Förderung und Transport. Da der Ölpreis jedoch stetig steigt, ist zurzeit eine neue Eisbrecherflotte im Bau. Sie soll Supertankern Fahrrinnen durch die Nordostpassage bahnen. Und es laufen von der EU unterstützte Untersuchungen, auf welche Weise man das ganze Öl am sichersten nach Rotterdam bekommt. Dabei könnten die neuen Double-Acting-Tanker eine Rolle spielen: Diese Schiffe sind normale Supertanker, wenn sie vorwärts fahren. Rückwärts gesteuert, verwandeln sie sich in Eisbrecher. Das erste Schiff dieser Klasse, die von der finnischen Kvaerner-Masa-Werft gebaute »M/V Tempera«, kann rund 100000 Tonnen Öl transportieren. Mit einer Länge von 252 und einer Breite von 44 Metern ist sie ein beeindruckendes Schiff, sicherlich wird sie nicht der größte eisbrechende Tanker bleiben.
Aber vielleicht liegen ja noch gewaltige Ölfelder unter der Erde, an Orten, wo noch niemand gesucht hat? Geologen sind skeptisch. Wenn es stimmt, dass Erdöl aus Meerestieren entstanden ist, die vor vielen Millionen Jahren gestorben sind, dann kommen für die Ölsuche nur wenige ausgewählte Gebiete in Frage – und die sind größtenteils schon abgegrast. Eine möglicherweise vielversprechende Gegend ist das Meer vor Nordwest-Grönland. Amerikanische Geologen vermuten, dass dort, unter dem bis vor kurzem als ewig geltenden Eis, so viel Öl lagert wie in der Nordsee, rund 110 Milliarden Barrel. Noch wurde kein einziger Tropfen gefunden, aber die grönländische Regierung verkauft bereits Lizenzen für Probebohrungen.
Es gibt noch eine weitere Methode, riesige Mengen Erdöl zu fördern: Man muss den Entölungsgrad erhöhen, also bekannte Lagerstätten besser ausbeuten. Mit der heutigen Technologie können rund 33 Prozent eines Ölfeldes ausgeschöpft werden. Langfristiges Ziel ist es, 50 Prozent, in manchen Lagerstätten über 60 Prozent zu erreichen. Für die Konzerne würden sich die Investitionen lohnen, denn eine Erhöhung des Entölungsgrades um nur ein einziges Prozent kann den Weltverbrauch für mindestens ein, vielleicht sogar für zwei Jahre decken.
Damit aber das Ende der uns bekannten Welt doch nicht so nah ist, wie die Pessimisten befürchten, braucht man riesige Mengen eines Stoffes der ebenfalls immer knapp ist: Geld.

Energy makes the world go round – Die Supermächte von morgen

»Als Supermacht bezeichnet man einen Staat, der seine Macht weltweit ausüben kann und sich dabei keinem mächtigeren Staat gegenübersieht, höchstens wenigen anderen gleich mächtigen. Das trifft auf ein Land mit großer Wirtschaftskraft, einer hohen Bevölkerungszahl und einer starken Militärmacht, inklusive eines Raumfahrtprogramms und eines beträchtlichen Arsenals an Massenvernichtungswaffen, zu«, definiert Kathrin Yoneoka von der Konrad-Adenauer-Stiftung in Washington.

Die Vereinigten Staaten von Amerika sind heute die einzige Supermacht auf der Welt. Und diesen Status lassen sich die USA einiges kosten: 439 Milliarden Dollar beträgt der Rüstungsetat für 2007. Ein Großteil dieses Geldes wird verwendet, um sich den Status *Supermacht* langfristig, auch über das Jahr 2057 hinaus, zu sichern. Es verwundert daher nicht, dass amerikanische Militärstützpunkte auffallend häufig in der Nähe von Ölquellen liegen. Aus Ländern ohne Öl ziehen sich die USA zurück, zum Beispiel aus Island, das früher als Brückenkopf nach Europa wichtig war. Dagegen baut das US-Militär seine Stützpunkte in Westafrika aus. Lange Zeit haben sich die Amerikaner überhaupt nicht für Westafrika interessiert, doch schon heute importieren sie 15 Prozent ihres Ölbedarfs von dort, in den nächsten Jahrzehnten wird es wohl ein Viertel werden. Dieses Beispiel zeigt: Energie ist weltweit der Machtfaktor Nummer eins.

Demnach müsste die Russische Föderation eine Supermacht der Zukunft werden. Gegen diese Annahme spricht jedoch einiges: Die Russische Föderation verfügt zwar über riesige Ölreserven, davon abgesehen ist das wirtschaftliche Potential aber eher schwach und sinkt sogar. Ganze 1,2 Prozent betrug der russische Anteil am weltweiten Bruttoinlandsprodukt. Die EU trug 25 Prozent bei, die USA 18 Prozent, das kleine Japan satte 14 Prozent. Auch in anderen Bereichen schwächelt Russland: Das Wirtschaftswachstum ist unbedeutend, die militärische Macht schwindet angesichts eines maroden Waffenarsenals und einer schlecht ausgebildeten Armee, und die Teilrepubliken mit sprudelnden Ölquellen würden sich am liebsten gleich vom großen Bruder abspalten. Solange nicht das ganze Land umfassend reformiert und modernisiert wird, hat es keine Chance, sich jemals wieder den Status einer Supermacht zurückzuerobern.

Die Europäische Union wird zunehmend als ein großer Staat wahrgenommen. Könnte sie also eine Supermacht werden? Wahrscheinlich nicht. Die EU zählt zwar zu den bedeutendsten Wirtschaftsmächten, besitzt auf internationaler Ebene großen politischen Einfluss und militärische Stärke. Ihre Bevölkerung gilt noch als die am besten ausgebildete der Welt. Unter der Nordsee liegen beträchtliche Erdölvorkommen. Doch um eine Supermacht zu werden, müssten die noch immer dominierenden Einzelinteressen der EU-Mitglieder aufgegeben werden. Außerdem hapert es beim Wirtschaftswachstum, was viele Fachleuten auf viel zu hohe Steuern und zu zahlreiche, übertrieben komplizierte Gesetze zurückführen. Die Chancen, dass die EU in die Supermachtsliga der USA aufsteigen könnte, sind also gering.

Bis 2050, so schätzen Experten, wird Indien die drittstärkste Wirtschaftsmacht der Welt werden, vor der EU, hinter China und den USA. Damit hat das Land durchaus Chancen, Supermacht zu werden. Es gibt wohl kaum ein Land, das derart von Gegensätzen geprägt ist: Die Wirtschaft ist die Nummer elf der Welt, aber ein Viertel der Ärmsten dieser Welt lebt in Indien. Beim Kohlendioxidausstoß steht Indien auf Platz sechs, trotzdem haben einige hundert Millionen Menschen keinen zuverlässigen Stromanschluss. Die indische Wirtschaft boomt seit Jahren, zurzeit mit einem Wachstum von acht Prozent. Dazu trägt immer stärker die Informationstechnologie bei. Eine riesige Gruppe hochqualifizierter, aber vergleichsweise preiswerter Hard- und Software-Experten arbeitet in Indien. Schon macht der Begriff der Technology Superpower die Runde.

Peinlich berührt dürften sich deutsche Politiker noch an den Versuch erinnern, indische Computerspezialisten mit Greencards nach Deutschland zu locken. Der Plan scheiterte kläglich, denn die Inder waren schlicht nicht interessiert – zu begehrt sind sie zu Hause, und im Vergleich zum alten Europa finden sie ihr Heimatland cool. Über zwei Millionen Soldaten dienen beim indischen Militär, das Land verfügt über die drittstärkste Armee der Welt, besitzt Atomwaffen, entwickelt Mittelstreckenraketen, baut eigene Kampflugzeuge und ist der drittgrößte Waffenimporteur. Auf dem Weg zur Supermacht muss das Land allerdings noch viele Probleme beseitigen. Die Armut muss bekämpft, die Infrastruktur tiefgreifend verbessert, der Inflation entgegengewirkt werden.

Aber selbst wenn das alles gelänge, hat Indien einen riesigen Standortnachteil: Es ist extrem abhängig von Erdöleinfuhren. Erst wenn in der Nutzung von Sonnenenergie der große Durchbruch gelingt, wird sich das Blatt wenden.

Auf dem besten Weg, zur Supermacht zu werden, befindet sich jedoch China. Seit Jahren boomt dort die Wirtschaft, das Wachstum beträgt schon lange neun Prozent jährlich. Wie rasant die Wirtschaft wächst, beweisen Chinas Reiche: Das Vermögen der hundert reichsten Chinesen betrug 2004 zusammengerechnet 29 Milliarden Dollar. Ein Jahr später waren es 41 Milliarden. Im selben Zeitraum verfünffachte sich die Zahl der chinesischen Dollar-Milliardäre.

Der chinesische Einfluss auf die internationale Politik wächst stetig. Auch dabei geht es oft genug um Öl. So hat die Staatengemeinschaft bislang recht wenig gegen die grauenerregenden Massaker in der sudanesischen Provinz Darfur unternommen, weil China per Veto Eingreifpläne der UN vereitelte. Der Grund: China will an jüngst entdeckte Ölquellen herankommen und unterstützt daher die sudanesische Regierung.

Auf dem Weg zur Supermacht muss China allerdings ähnliche Probleme wie Indien lösen: Große Teile des Landes wirken noch immer wie ein Bauernstaat aus einem vergangenen Jahrhundert, viele Millionen Menschen sind bettelarm und ungebildet. Die Kaufkraft im Land ist so gering, dass die Wirtschaft auf Gedeih und Verderb vom Export abhängt. Außerdem steht China als sozialistisches Land und wegen gravierender Menschenrechtsverletzungen politisch ziemlich isoliert da.

Zu einem wahren Desaster wächst sich die Kehrseite des Wirtschaftsbooms aus: Die Schäden durch die grassierende Umweltverschmutzung fressen mittlerweile einen großen Teil der Gewinne wieder auf. »China hat fast alles, was es seit den späten siebziger Jahren gewonnen hat, durch Umweltverschmutzung wieder verloren.« Der das sagt, muss es wissen. Das Zitat stammt vom Leiter der chinesischen Umweltbehörde.

Eisbären im Treibhaus – Zur Klimaentwicklung

»72 Prozent aller Vogelarten durch Klimawandel vom Aussterben bedroht!« – »Inuit zukünftig ohne Eis.« – »Klimawandel gefährdet Nahrungskette in den Weltmeeren.« – »Der Kampf gegen den Klimawandel – So können Anleger profitieren.« – »Wärmstes Alpenklima seit 1300 Jahren.« Das sind nur einige Schlagzeilen aus Zeitungen und Agenturmeldungen der jüngsten Zeit. Kaum ein Tag vergeht, an dem keine besorgniserregende Studie über die Folgen des Klimawandels veröffentlicht und in den Medien breit kommentiert wird. Das Thema ist dermaßen präsent, dass sich das Satiremagazin »Titanic« bereits mit einem Titelblatt voll gespielter Sorge darüber lustig macht: »Müssen diese Eisbären schmelzen?«

Das Ganze erinnert etwas an die Meldungen über das Waldsterben in den achtziger Jahren. Wer damals eifrig westdeutsche Zeitungen las und Fernsehnachrichten anschaute, dem war klar: Durch Industrieabgase sauer gewordener Regen vernichtet großflächig die Wälder. Spätestens zur Jahrtausendwende sollte es den deutschen Wald nur noch in Grimms Märchen geben. Bekanntlich sieht die Realität heute etwas anders aus. Das angeblich so katastrophale Waldsterben stellte sich nachträglich als das Produkt einer unglücklichen Kombination natürlicher Ursachen, fehlerhafter wissenschaftlicher Methoden, falscher Studien und – allem voran – einer bis dahin nie dagewesenen Panikmache durch die Medien heraus. Und jetzt die Klimakatastrophe. Es scheinen wieder dieselben Mechanismen der Medienmaschinerie am Werke zu sein: Keine Meldung erscheint zu übertrieben, um sie nicht zu drucken. Statt differenzierter, ausgewogener Berichterstattung werden komplexe Sachverhalte vereinfacht, oft genug sogar sinnentstellend. Viele Zeitungsmeldungen kürzen wissenschaftliche Studien drastisch zusammen – aus hundertfünfzig Seiten wird eine Zwanzig-Zeilen-Nachricht. Nur so ist zu erklären, dass es im Dezember 2006 folgende Schlagzeilen in die Zeitungen schafften: »Arktis bis 2080 eisfrei!« und »Arktis bis 2040 eisfrei!«. Wenn sich jemand fände, der die eisfreie Arktis noch einmal zwanzig Jahre vorverlegte, er hätte gute Chancen, ebenfalls ein großes Medienecho zu finden.

Bei dieser Fülle sich oft widersprechender Meldungen ist es schwer, ein halbwegs realistisches Bild zu bekommen. Der erste Schritt: Man sollte die meisten Einzelmeldungen schlicht vergessen. Ob eine Nachricht wie »Arktis bis 2040 eisfrei!«

seriös ist, kann man nur beurteilen, wenn man die in der entsprechenden Studie verwendeten wissenschaftlichen Methoden überprüft und beurteilt. Diese Arbeit kann aber kein Leser leisten. Das wäre Aufgabe der Medien, aber die tun das leider viel zu selten. Anstatt über jede einzelne Meldung zu erschrecken, sollte man vielmehr versuchen, langfristige und möglichst großflächige Trends zu erkennen. Beim Klimawandel ergibt sich schnell der erste Unterschied zum Panik-Thema Waldsterben: Dieses war nämlich im Wesentlichen auf Westdeutschland beschränkt, in Nachbarländern wie Frankreich wunderte man sich, dass der Wald nur in Deutschland starb, nicht aber bei ihnen. Der Klimawandel zeigt sich dagegen an vielen Orten der Welt in sehr unterschiedlichen Erscheinungsformen. Man erkennt ihn im Abschmelzen der Gletscher, in den Verschiebungen von Vegetationszonen, in veränderten Meeresströmungen, einem Wandel beim Salzgehalt von Meerwasser, im Ausbleiben von Vogelzügen und vielem mehr. Überall auf der Welt sind solche Veränderungen zu beobachten. Der Klimawandel passiert jetzt, in diesem Augenblick. Unbestreitbar.

Am augenfälligsten sind die Veränderungen in der Arktis, und was im hohen Norden passiert, hat nicht nur durch einen steigenden Meeresspiegel Auswirkungen auf die ganze Welt.

In den letzten fünfzig Jahren ist die Temperatur in den Arktis-Regionen gestiegen, die Schneedecke hat beträchtlich abgenommen, Permafrostböden beginnen zu tauen, die Niederschlagsmenge hat sich erhöht, die Meereisfläche hat abgenommen, der Meeresspiegel ist gestiegen. Das hat nicht nur negative Auswirkungen, der Klimareport listet auch einige positive Aspekte der Erwärmung auf. Einige bedeutende arktische Fischbestände, etwa Hering und Kabeljau, werden voraussichtlich wachsen. Bislang unzugängliche Gebiete können erschlossen, neue Bodenschatzvorkommen ausgebeutet werden. Neue Schifffahrtsrouten entstehen, langfristig wird selbst die berüchtigte Nordwestpassage ganzjährig befahrbar sein. Trotzdem ist der Klimawandel weit davon entfernt, ein positives Ereignis zu sein. Durch das Tauen der Permafrostböden beginnen Seen und Feuchtgebiete auszutrocknen. Tiere, die auf dem Eis leben, wie Eisbären und Robben, sind vom Aussterben bedroht. Das Verschieben der Vegetationszonen wird uralte Wälder zerstören, während neue in den jetzigen Polarwüsten nur schwer nachwachsen können. Auf dem tauenden Erdboden bersten Straßen und Ölpipelines. Die Gesundheit der Arktisbewohner ist stark gefährdet, weil wegen des schwindenden Eises für sie der Zugang zu traditionellen Nahrungsmitteln erschwert wird. Auch wandern Krankheitserreger wie das West-Nil-Virus nordwärts. Die zunehmende Bodenerosion an den Meeresküsten hat bereits die ersten Siedlungen zerstört, Dörfer müssen aufgegeben werden.

Klimaexperten fürchten besonders die sogenannten Rückkopplungen, Effekte, die sich gegenseitig verstärken. Wenn beispielsweise das Meereis taut, kann es weniger Sonnenenergie reflektieren, und es wird noch wärmer. Es können so bestimmte Schwellenwerte überschritten werden, wie etwa der Gefrierpunkt, und dann wird der Klimawandel zu einem Kollaps: Das Klima kippt von einem Jahr zum anderen. In der Erdgeschichte ist genau dies schon mehrmals passiert.

Können wir diese Entwicklung stoppen? Ist es möglich, den Klimawandel aufzuhalten? Wir könnten ihn mit Sicherheit verlangsamen, fast alle Experten sind sich darin einig. Allerdings fehlt noch der rechte Wille. Ihn ernstzunehmen würde bedeuten, auf vieles zu verzichten, denn der weltweite Ausstoß von Kohlendioxid müsste innerhalb kürzester Zeit drastisch reduziert werden. Die Industrienationen sind dazu nur bedingt gewillt. Nationen, die sich erst zu prosperierenden Industrieregionen entwickeln wollen, haben daran überhaupt kein Interesse.

Brennendes Eis, Sonnenfeuer und nasse Streichhölzer – Neue Energien

Die Apokalypse dauerte hunderttausend Jahre. Noch weiß niemand genau, was sich vor zweihundertfünfzig Millionen Jahren ereignete, nur eins ist sicher: Es war das furchtbarste Massensterben der Erdgeschichte. Vermutlich begann es mit dem Auseinanderbrechen des Superkontinents Pangea. Heftige tektonische Aktivitäten verursachten eine Serie gewaltiger Vulkanausbrüche im heutigen Sibirien, die eine Fläche von fast vier Millionen Quadratkilometern mit einem eineinhalb Kilometer tiefen Lavasee bedeckten. Die Hitze und die giftigen Gase töteten Milliarden von Tieren, und die Überlebenden dieses vulkanischen Infernos hatten es noch längst nicht überstanden. Denn nun begann das Meer scheinbar zu kochen, riesige Mengen stinkender Faulgase stiegen aus den Tiefen auf. Milliarden Tonnen Methan verwandelten die Erdatmosphäre in ein gewaltiges heißes Treibhaus, in dem fast alles Leben ausgelöscht wurde.

Ausgerechnet auf dieses Teufelszeug setzen heute manche Energieexperten ihre größten Hoffnungen. Das Methanhydrat, von dem hier die Rede ist, wurde bereits 1971 entdeckt, aber erst jetzt beginnt man zu ahnen, wie wichtig es für die Zukunft unserer Zivilisation sein könnte. Methan entsteht durch biogenen Zerfall, also immer dann, wenn organische Stoffe verfaulen. Am Meeresgrund, bei circa zwanzig Atmosphären Druck, werden die Methanmoleküle von Wassermolekülen umschlossen und quasi in einen Käfig gesperrt. Das Methanhydrat lagert sich in großen Mengen an Kontinentalhängen ab, und es ist das häufigste Gashydrat der Welt. Wie groß das Vorkommen ist, sprengt alle Vorstellungskraft.

Nehmen Sie die kompletten Kohlevorkommen, die die Erde jemals hervorgebracht hat, und werfen Sie diese auf einen Haufen. Schütten Sie das gesamte Erdöl darüber, viele Billionen Barrel, und stellen Sie sich vor, Sie könnten auf diesen gewaltigen Berg noch die gesammelten Erdgasvorkommen stapeln. Schauen Sie sich diese monströse Kohle-Öl-Erdgas-Halde an, sie reicht bis in die Wolken. Und nun verdoppeln Sie diesen Berg. Dann haben Sie annähernd die Menge Methanhydrat, die auf dem Meeresboden und in den arktischen Permafrostböden lagert. – Kein Wunder also, dass über den Abbau des Hydrats zur Energiegewinnung nachgedacht wird.

Professor Gerhard Bohrmann von der Universität Bremen ist ein Pionier der Methanhydratforschung. Er wurde mehr oder weniger durch einen Zufallsfund dazu, als es bei einer Expedition vor der Küste Oregons zufällig gelang, große Mengen Methanhydrat zu bergen. Seitdem hat er in vielen Ecken der Welt nach diesem Stoff gesucht und interessiert sich besonders für die Auswirkungen des Materials auf Meeresboden und Klima. Er hält von Methan als Energielieferant nicht sonderlich viel, obwohl das Gas wunderbar brennt.

»Wenn wir Methanhydrat als Energiequelle nutzen«, gibt Bohrmann zu bedenken, »dann haben wir natürlich das Problem, dass wir das Treibhausgas Kohlendioxid produzieren. Und wir müssen ja eigentlich alternative Energien suchen.«

Selbst wenn neue Technologien das Kohlendioxidproblem eindämmten, wäre Methanhydrat alles andere als ein umweltfreundlicher Brennstoff. Beim industriellen Abbau des Materials würden große Mengen Methan in die Atmosphäre entweichen. Als atmosphärischer Wärmespeicher ist es bis zu dreißigmal so wirksam wie das berüchtigte Kohlendioxid und könnte den Treibhauseffekt enorm beschleunigen.

Zudem wirkt das Gas als Kitt am Meeresboden; es hält die Sedimente zusammen. Würde es in großem Stil abgebaut, können die Kontinentalhänge ins Rutschen kommen und gefährliche Tsunamis auslösen. – Vieles spricht also dafür, das Methanhydrat einfach dort zu lassen, wo es ist. »Aber vielleicht«, sagt Bohrmann, »haben wir in fünfzig Jahren überhaupt keine andere Chance und müssen das Methanhydrat nutzen.« Dieser Fall tritt dann ein, wenn es nicht gelingt, die Weltwirtschaft vom immer teureren Öl abzunabeln.

Schweden macht vor, wie das gehen könnte. Bis 2020 will das Land unabhängig vom Öl sein, und das, ohne neue Atomkraftwerke zu bauen. Ein detailliertes Konzept wird zurzeit von Politikern, Wissenschaftlern, Landwirten, Autoherstellern und Industriellen erarbeitet, aber die grobe Richtung steht fest: Statt auf Öl setzen die Skandinavier auf erneuerbare Energiequellen wie Wasser-, Wind- und Gezeitenkraft, Biomasse und Geothermie.

Im Jahr 2057 kämen möglicherweise Kernfusionsreaktoren dazu. Doktor Frank Jenko beschäftigt sich mit Plasma in Fusionsreaktoren. Physiker wie er verknüpfen mit der Kernfusion große Hoffnungen für die Lösung der Energieprobleme der Zukunft, und möglicherweise zahlen sich die Milliarden teuren Forschungen in fünfzig Jahren aus. Jenko und mit ihm Tausende ebenfalls an der Fusionsforschung beteiligte Wissenschaftler wollen die Kraft aus dem Inneren der Sterne hier unten auf der Erde entfesseln. Sterne wie unsere Sonne produzieren unglaubliche Mengen von Licht und Hitze, weil in ihrem Inneren Wasserstoffatome miteinander verschmelzen. Dabei entstehen Helium sowie unglaublich viel Energie.

Fusionsenergie wird auf der Erde schon seit den fünfziger Jahren genutzt – allerdings nicht gerade zu friedlichen Zwecken. Die Wasserstoffbombe entfaltet ihre vernichtenden Kräfte durch die Fusion von Wasserstoffatomen.

Ein derartig explosives Sonnenfeuer liegt natürlich nicht in Frank Jenkos Interesse. Er befasst sich mit den Turbulenzen im glühenden Wasserstoffdampf, dem Plasma. Denn diese Turbulenzen sind mit dafür verantwortlich, dass das Fusionsfeuer bislang noch nicht dauerhaft entfacht werden konnte.

Die Schwierigkeiten, Atomkerne miteinander zu verschmelzen, sind enorm. Schließlich halten die Elementarteilchen, aus denen Atome bestehen, extrem fest zusammen. Zuerst einmal benötigt man unglaublich viel Hitze, hundert Millionen Grad. Um diese Temperatur zu halten, kann man zum Schmelzen der Atomkerne kein festes Gefäß verwenden – das heiße Plasma würde zu schnell abkühlen. Also erzeugt man ein ringförmiges, wie eine Kordel verzwirbeltes Magnetfeld. Das umschließt einen sehr dünnen Nebel aus Atomen schweren Wasserstoffs. Diesen Nebel heizt man auf, der Wasserstoffdampf verwandelt sich in glühendes Plasma. Nun müssen Wasserstoffatome so miteinander kollidieren, dass die festen Bindungen zwischen den Elementarteilchen reißen – Energie wird frei, jede Menge Energie.

Ein funktionierender Fusionsreaktor könnte aus drei Flaschen Wasser und den Mineralien zweier Steine so viel Energie produzieren, dass damit der Energiebedarf einer vierköpfigen Familie für ein Jahr gedeckt wäre. »Leider sind wir noch weit davon entfernt«, bedauert Doktor Jenko. »Ich vergleiche das einmal mit dem Versuch, nasse Streichhölzer zum Brennen zu bringen. Das Plasma glimmt, wie das feuchte Streichholz, kurz auf und verlöscht. Wir wollen aber dahin kommen, dass die Flamme weiterbrennt.«

Zurzeit muss noch viel mehr Energie in die Fusion hineingesteckt werden als herauskommt. Vielleicht ändert sich dies mit dem neuen Forschungsreaktor namens ITER, der demnächst in Frankreich gebaut wird. Ein gewaltiges Vorhaben, zehn

Milliarden Euro teuer, an dem die Europäische Union, China, Russland, Japan, USA, Indien und Südkorea zusammenarbeiten. Möglicherweise gelingt es im ITER-Reaktor zum ersten Mal, mit Kernfusion mehr Energie zu gewinnen, als man investieren muss. – »Vielleicht ist es in fünfzig Jahren so weit«, sagt Jenko. »Aber versprechen kann ich das nicht.«

»Wenn wir es tatsächlich schaffen, die Energie der Sonne effizient zu nutzen, wären all unsere Energieprobleme gelöst«, sagt auch Professor Daniel von Maekelbergh von der Universität Utrecht, allerdings spricht er von etwas ganz anderem als Doktor Jenko.

Die Sonne schickt jeden Tag fünfzehntausendmal mehr Energie auf die Erde, als wir benötigen. Ein winziger Teil davon wird heute bereits mit Solarzellen aufgefangen. Das Silizium darin kann das Sonnenlicht direkt in elektrische Energie umwandeln. Die Ausbeute ist allerdings verblüffend mager: Gerade einmal 18 Prozent des Lichts kann die Solarzelle nutzen. Der Grund: Silizium ist nur für einen Bruchteil des Lichtspektrums empfänglich. Der Infrarotbereich, das gesamte sichtbare Licht, die Ultraviolettstrahlung – all das bleibt ungenutzt. Lediglich ein kleiner Frequenzbereich in der Nähe des Infrarotsprektrums dient zur Zeit der Energiegewinnung. Und mit Silizium wird sich niemals ein größerer Wirkungsgrad erreichen lassen.

Von Maekelbergh arbeitet daher mit neuen, höchst exotischen Materialien: mit Quantenpunkten. Das sind winzigste Kristalle, die nur aus einer Handvoll Atomen bestehen. Sie verhalten sich auch wie Atome, ihre elektronischen und optischen Eigenschaften lassen sich jedoch beliebig verändern, »maßschneidern« sogar. Je nach Größe leuchten Quantenpunkte in unterschiedlichen Farben – oder umgekehrt formuliert: Je nach Größe schlucken sie unterschiedliche Anteile des Lichts.

Für die Solartechnik könnte dies eine Revolution bedeuten: Es müsste nur gelingen, die unterschiedlichen Nanokristalle in eine Solarzelle zu bringen, die Energieausbeute würde sich vervielfachen – theoretischen Berechnungen zufolge auf sensationelle 86 Prozent.

Überall auf der Welt tüfteln Wissenschaftler an der nächsten Generation Solarzellen. Denn die Solarenergie hat das Potential, unsere Welt nachhaltig zu verändern. Eine Welt ohne Erdöl, Kohle und Kernenergie wäre mit Sicherheit ein schönerer Ort zum Leben.

Über den Wolken – Datentransfer per Laserstrahl

Die Erde wirkt riesig, wenn man sie aus einer Höhe von sechshundert Kilometern betrachtet. Dabei erscheint sie uns heutzutage häufig so klein. Das Internet hat aus unserer Welt ein globales Dorf gemacht. Flugzeuge tragen uns in ein paar Stunden von einem Kontinent zum anderen. Im Fernsehen können wir live mitverfolgen, was auf der anderen Seite der Erde passiert. Fliegt man aber sechshundert Kilometer über ihr wie der japanische Satellit Kirari, dann wirkt unser Planet überhaupt nicht mehr so überschaubar, wie ihn moderne Transport- und Kommunikationsmittel oft erscheinen lassen.

Städte wie Oberpfaffenhofen im Kreis Starnberg sind aus dieser Entfernung überhaupt nicht zu sehen, erst recht nicht die Gebäude des Deutschen Zentrums für Luft- und Raumfahrt (DLR). Auf einem dieser Bauten befindet sich eine Kuppel von etwa vier Meter Durchmesser. Dort haben Doktor Dirk Giggenbach und sein Team ein Gerät aufgestellt, das ungefähr so aussieht, als hätte jemand die Verkleidung von einem Teleskop heruntergerissen.

»Das ist unser Terminal für optische Freiraumkommunikation«, erklärt Giggenbach. Dieser sperrige Begriff beschreibt nichts weniger als eine Revolution. Giggenbach tippt einige Befehle in einen Computer ein. Summend setzt sich das Terminal in Bewegung und richtet sich zum Himmel aus. »Der Satellit Kirari wird gleich über Oberpfaffenhofen hinwegfliegen und dabei unser Terminal mit einem Laserstrahl treffen.«

Diese Schießübungen aus dem Weltraum sollen langfristig die Welt der Datenkommunikation verändern, denn mit dem Laserstrahl aus dem Satelliten übertragen Giggenbach und sein Team große Mengen Daten – quasi eine Internetverbindung per Laser. Strahl ist dabei eigentlich das falsche Wort, denn genaugenommen handelt es sich um einen »gepulsten« Laser, eine extrem schnelle Abfolge von Laserblitzen. »Laser an« heißt 1, »Laser aus« heißt 0 – die Sprache der Computer. Diese Technologie kann die Daten sehr schnell übertragen: 2,5 Gigabit pro Sekunde empfängt Giggenbachs Terminal schon, also etwa fünfhundert digitale Fernsehkanäle gleichzeitig. In Zukunft könnten es sogar 40 Gigabit werden.

Giggenbach und sein Team waren auch Teil eines Projektes namens CAPANINA, das kürzlich endete. Universitäten, Institute und Firmen aus England, Slowenien,

Italien, Spanien, Ungarn, der Schweiz, Deutschland und Japan arbeiten an einer großen Vision, die die mobile Breitbandkommunikation revolutionieren soll. Die CAPANINA-Forscher stellen sich vor, dass in wenigen Jahren ein Netz aus Ballons oder Luftschiffen, die in 22 Kilometer Höhe wie festgebunden schweben, per Laserstrahl gewaltige Datenmengen verbreiten könnte, rund 1250-mal so schnell wie eine DSL-2000-Verbindung. Ihre Energie sollen die Ballons aus Brennstoffzellen beziehen, Propeller könnten sie in Position halten. Das Internet aus der Stratosphäre. Selbst in Hochgeschwindigkeitszügen, die mit 300 km/h durchs Land brausen, könnten Reisende ungestört im Internet surfen.

Auch in den USA arbeitet man an der optischen Freiraumkommunikation. Das Jet Propulsion Laboratory, das für die NASA einen Großteil der Weltraumsonden entwickelt und gebaut hat, möchte in Zukunft ihre Raumschiffe per Datenlaser kommunizieren lassen. In einigen Jahren wäre es dann möglich, Videoaufnahmen vom Mars in gestochen scharfer HDTV-Qualität zu senden.

»Der Vorteil des Lasers liegt auf der Hand«, sagt Giggenbach. »Im Vergleich zum Datentransfer per Funk braucht der Laser viel weniger Energie, er kann bedeutend mehr Daten übertragen, und er ist abhörsicher. Man muss schon direkt am Empfänger stehen, um den Laserstrahl abzufangen.«

Doch es gibt auch einen gravierenden Nachteil: Schlechtes Wetter legt dieses schnelle Internet rasch lahm, der Laser kann dichte Wolken nicht durchdringen. Die Ballons kommunizieren zwar per Laser und tauschen große Datenmengen untereinander aus, der Daten-Downlink zur Erde geschieht bei dichter Bewölkung jedoch per Funk.

Trotzdem verliefen bisherige Tests höchst erfreulich: 2004 konnten die Wissenschaftler einen Laserstrahl empfangen, den ein Fesselballon aus 300 Meter Höhe sendete. Ein Jahr später folgte der erste Versuch mit einem Stratosphärenballon. Wieder ein Erfolg! Zwei Probleme gilt es dabei mit trickreicher Technologie zu lösen: Zum einen bewegen sich die Ballons und müssen trotzdem auf einige tausendstel Grad genau verfolgt werden. Zum anderen sorgt die turbulente Atmosphäre für Störungen im Datenstrahl.

Das Experiment mit dem Satelliten Kirari im Juni 2006 ist der vorläufige Höhepunkt der Versuchreihen von Dirk Giggenbachs Team. Auf den Monitoren in der DLR-Kuppel läuft ein Countdown ab. »14 … 13 … 12 …« Kirari nähert sich. »11 … 10

– Schutzbrillen aufsetzen!« Der Laserstrahl vom Satelliten ist absolut ungefährlich, aber die DLR-Forscher senden eigene Laserstrahlen hinauf, an denen sich der Satellit orientieren soll. Theoretisch könnten diese die Netzhaut der Augen verschmoren.

Kirari ist jetzt in Reichweite der Bodenstation. Das Terminal empfängt den Laserstrahl und übersetzt die Impulse in computerlesbare Daten. Zum Beweis erscheinen tanzende Kurven auf einem Kontrollmonitor. Nach einigen Minuten ist der Satellit über Oberpfaffenhofen hinweggeflogen. Bis in eine Entfernung von 2000 Kilometern haben die Forscher das Lasersignal punktgenau und fehlerfrei empfangen.

»Wir sind sehr zufrieden«, sagt Giggenbach. »Wir haben den Beweis erbracht, dass diese Technologie funktioniert.«

Aber ist die Vorstellung von fünfunddreißig Luftschiffen in der Stratosphäre, die beinahe ganz Europa mit rasanten Datenströmen versorgen, nicht völlig utopisch?

»Überhaupt nicht«, sagt Giggenbach. »Die Stratosphärenballons sind viel billiger und viel einfacher zu warten als Satelliten im Weltraum. Hätte man von Anfang an nicht nur in die Satellitentechnik, sondern auch in die Stratosphärenballons investiert, sie wären längst etwas ganz Alltägliches.«

Weltraumhelden in Blechdosen – Forschung im All

Auf diesen Augenblick haben die von weither angereisten Fernsehteams gewartet: Am klaren blauen Himmel über dem Pazifik flammt ein weiß leuchtender Punkt auf, so als hätte jemand einen Stern angeknipst. Von Airports auf allen Südseeinseln startet eine Armada von Helikoptern und Flugzeugen, vollbesetzt mit Touristen, Fotografen und Kameraleuten. Sie alle wollen Zeugen eines einmaligen Ereignisses werden: Die ISS, technisch längst überholt, soll entsorgt werden. Das größte Bauwerk, das Menschen jemals im Weltraum errichtet haben, wird in wenigen Augenblicken ins Meer stürzen. – So könnte einmal eine Reportage über das Ende der Internationalen Raumstation beginnen. Nur ist noch völlig unklar, wann ein solcher Text erscheinen würde. Im Jahr 2019? Oder schon 2015? Vielleicht noch früher? Und was kommt dann? Wird es eine neue Raumstation geben?

»Raumstationen wird es immer geben«, sagt Prof. Ulrich Walter, der als Astronaut im Space Shuttle mitgeflogen ist. »Auch wenn das Projekt ISS oft scharf kritisiert wird.«

Vielen Beteiligten ist sie zu teuer, die wissenschaftliche Ausbeute ist ihnen zu gering. Tatsächlich konnte die ständige Besatzung der ISS jahrelang nur einen Bruchteil ihrer wissenschaftlichen Arbeiten durchführen, die meiste Zeit waren sie mehr als Hausmeister und Monteure der Klimaanlage beschäftigt.

Als im Februar 2003 die Raumfähre Columbia verglühte, verzögerte sich auch der Ausbau der Raumstation um mehrere Jahre. Denn die Space Shuttles waren die einzigen Raumschiffe, die die riesigen Module der ISS ins All transportieren konnten.

Genau diese Space Shuttles bringen die Zukunft der ISS zurzeit ins Wanken: Die Amerikaner haben nämlich einen ziemlich ehrgeizigen Zeitplan beschlossen – nachzulesen im NASA-Budget: Am 30. September 2010 werden die Space Shuttles eingemottet. Sollte die ISS bis dahin nicht komplett montiert sein, wird sie wohl nie fertig werden.

Weder die Amerikaner noch die Europäer und schon gar nicht die finanziell klammen Russen denken an den Bau einer neuen Raumstation nach der ISS. Trotzdem könnte Ulrich Walter mit seiner Prognose recht behalten.

In Zukunft dürften allerdings eher Chinesen im Orbit kreisen. Dieser Ehrgeiz hat gar nicht einmal so sehr wissenschaftliche Gründe. Vielmehr gehört ein zünftiges Weltraumprogramm für einen Staat mit Supermachtambitionen einfach dazu, denn man will der Welt zeigen, was man technologisch zu bieten hat. Dieses Denken war schon Triebfeder der sowjetischen und amerikanischen Weltraumprogramme seit den fünfziger Jahren. Damals wurde der Kalte Krieg auf mehreren Schlachtfeldern ausgetragen, und eines davon war der Weltraum. Immer ging es darum, der Erste zu sein: Die Amerikaner waren am Boden zerstört, als die Sowjets mit dem Sputnik den ersten Satelliten ins All schossen, mit dem Hund Laika das erste Lebewesen und mit Juri Gagarin den ersten Menschen. Bis Ende der sechziger Jahre fühlten sich die Amerikaner durch die sowjetischen Erfolge gedemütigt. Erst die erfolgreiche Landung von amerikanischen Astronauten auf dem Mond stellte die großen Leistungen der Kosmonauten in den Schatten, einen Schatten, aus dem die sowjetische Raumfahrt nie mehr heraustreten konnte. Als nach drei, vier erfolgreichen Mondlandungen die Niederlage der Sowjets im Weltall besiegelt war, verloren die Amerikaner allerdings sehr schnell das Interesse am Mond. Man sei ja nun dort gewesen, sagten sie und stellten das Mondprogramm mit Apollo 17 ein, obwohl die ursprünglichen Planungen Apollo 20 als letzte Mission vorgesehen hatten.

Auch der Bau der ISS hatte politische Gründe: Das Ende des Kalten Krieges sollte offiziell durch ein multinationales Gemeinschaftsprojekt besiegelt werden. Bei einem so hehren Ziel konnten auch die geschätzten Kosten von hundert Milliarden Dollar kaum abschrecken.

Jetzt, wenige Jahre vor der Fertigstellung der Raumstation, gewinnt man den Eindruck, die Amerikaner sind nur noch lustlos bei der Sache. Ihr Interesse gilt neuerdings vielmehr dem Mond und dem Mars. Spielte bei dieser Entscheidung vielleicht auch eine Rolle, dass die chinesischen Pläne zum Bau einer Raumstation immer konkreter wurden?

Seit den siebziger Jahren versucht sich China in der Weltraumfahrt – mit der Entwicklung ihrer »Langer Marsch« genannten Raketen und dem Aussetzen von Satelliten. Im Oktober 2003 startete der erste Chinese mit dem Raumschiff Shenzou V ins All und landete wieder heil auf der Erde. Die Raumkapsel basierte auf solider und bewährter russischer Technologie, die ständig weiterentwickelt und verbessert wird. Ab 2010 könnte, optimistischen Schätzungen zufolge, die erste kleine modulare Raumstation entstehen. Die Erfahrung zeigt jedoch, dass sich die chinesischen Experten Zeit lassen, um ihre Raumschiffe möglichst sorgfältig zu konstruieren. China hat kein Interesse an einem Wettrennen im All gegen die USA.

Um die Amerikaner wieder für eine Raumstation zu interessieren, müsste schon eine Technologie erfunden werden, mit der die Vereinigten Staaten ihre technologische Vorherrschaft demonstrieren könnten. Der Fahrstuhl ins All wäre dazu durchaus geeignet. Das Konzept von Doktor Bradley Edwards sieht eine Bodenstation in einer klimatisch ruhigen Ecke der Welt vor sowie ein 38 000 Kilometer langes Seil aus Kohlenstoff-Nanoröhrchen, an dem die Kapseln mit den Passagieren auf und ab fahren sollen. An dessen Ende hängt ein Gegengewicht, damit sich das Seil nicht um die Erde wickelt. Auf den ersten Blick wirkt diese Idee wie das geistige Produkt eines ausgeflippten Science-Fiction-Autors. So sah es auch Bob Cassanova vom NASA Institute for Advanced Concepts, dem Bradley Edwards seinen Entwurf vorlegte. »Also ganz ehrlich: Wir haben uns erst einmal ganz köstlich amüsiert«, gesteht er. »Aber andererseits kannte ich Bradley als einen hervorragenden Denker. Ich habe das Ding mit nach Hause genommen und noch mal gelesen. Und ich sah plötzlich seine Vision vor mir.«

Bradley Edwards lacht. »Bob rief mich an und sagte, Bradley, du verrückter Professor, arbeite weiter an deinen Aufzugplänen, wir zahlen!« Forschungsgelder, die langfristig gut angelegt sein könnten: Der Spacelift würde den Ausflug ins All zu einem Bruchteil der heutigen Kosten ermöglichen. Raumfahrt zum Taxipreis sozusagen.

Bernard Foing hat einen Traum: Er will, dass möglichst bald wieder Menschen auf dem Mond landen und eine Basisstation errichten: »Wissenschaftler, Touristen, Journalisten, sie alle könnten eine Zeitlang auf dem Mond leben.« Einen Teil dieses Traums hat Foing bereits verwirklicht. Er war bei der ESA der wissenschaftliche Leiter des SMART-1-Programms, das eine kleine Sonde zum Mond schickte und dort Daten sammelte. Ursprünglicher Zweck war es, ein Ionen-Triebwerk zu testen, aber wenn man schon eine Sonde zum Mond schickte, dann konnten Wissenschaftler sie auch gleich mit Messinstrumenten bestücken. »Der Südpol des Mondes wäre ein geeigneter Ort für eine Station«, sagt Foing. »Auf den Kraterrändern haben wir Zonen mit ewigem Sonnenschein, wo wir Solarzellen installieren könnten. Und am Boden der Krater herrscht ewige Dunkelheit. Vielleicht finden wir dort Wasser, das seit Millionen von Jahren dort unten liegt.« Dass kürzlich eine Forschergruppe bei Radarmessungen kein Wasser gefunden hat, beunruhigt ihn nicht. »Die haben nicht am Boden der Krater nachgesehen. Das ist ungefähr so, als würde man in einem Haus nach Eis suchen, ohne in den Kühlschrank zu schauen.«

Foing hat Glück, er wird die Rückkehr des Menschen zum Mond wahrscheinlich noch erleben. Zumindest arbeiten NASA, ESA und weitere Raumfahrtorganisationen bereits eifrig an derartigen Plänen. Und wieder einmal spielen nicht nur wissenschaftliche Erwägungen eine Rolle: »Stellen Sie sich vor, 2020 oder 2040 wäre eine andere Nation oder Allianz in der Lage, zum Mond oder Mars zu fliegen, und die USA sind es nicht«, sagte NASA-Administrator Michael Griffin kürzlich vor dem US-Senat. »Ist es überhaupt vorstellbar, dass die USA dann weiterhin als die führende Nation angesehen wird? Wenn nicht, was wären die Konsequenzen für die globale und wirtschaftliche Machtbalance?«

Bei diesen Äußerungen kann Griffin sicher sein, dass US-Präsident Bush wohlwollend lauscht. Schließlich hatte der schon 2004 erklärt, dass die Amerikaner auf den Mond zurückkehren und wahrscheinlich von dort zum Mars starten wollten. Die Europäische Raumfahrtagentur ESA entwickelte ähnliche Pläne, AURORA-Programm genannt. Zurzeit sind beide Organisationen dabei, ihre Konzepte mit weiteren Partnern zu koordinieren, denn eins ist allen klar: Die ehrgeizigen Mond- und Mars-Programme kann kein Land allein finanzieren.

Die NASA legte 2006 einen strategischen Entwurf vor, der einen konkreten Zeitplan enthält. Demnach wird schon im nächsten Jahr ein Mond-Erkundungs-Orbiter starten, der die Oberfläche unseres Trabanten fotografieren und vermessen soll, viel genauer als bisher. Mit Hilfe dieser Daten sollen zukünftige Landeplätze ausgewählt werden. Vier der sechs Instrumente an Bord werden nach Eis suchen. Der Orbiter ist die erste Sonde einer ganzen Flotte, die man in den nächsten Jahren losschicken will. Die nächsten, die den Mond betreten, werden Roboter sein. Sie sollen Bodenproben analysieren und vielleicht auch zur Erde schicken. Spätestens 2014 wird dann ein neues Raumschiff zur Verfügung stehen, das Astronauten zur ISS und schließlich auch zum Mond und zum Mars bringen soll. Wenn der Name dieser Raumkapsel nicht noch geändert wird, dann könnte zum ersten Mal ein echtes »Raumschiff Orion« durchs All düsen. 2020 sollen erstmalig seit den Apollo-Astronauten wieder Menschen auf dem Mond landen. Vier Jahre später möchte die NASA dort eine Basis errichtet haben, die Aufenthalte von einem halben Jahr Dauer ermöglicht. Eine solche Mondbasis wird voraussichtlich aus röhrenförmigen Modulen bestehen, die wegen der harten Strahlung im Mondboden vergraben sind. Wie schon in den siebziger Jahren werden die Astronauten anfangs vor allem Gesteinsproben sammeln. Langfristig wird das wissenschaftliche Interesse auf das Ausbeuten der Bodenschätze des Mondes zielen. Dabei wird es weniger um Gold und Diamanten gehen als um viel profanere Dinge, nämlich um den in riesigen Mengen im Mondgestein enthaltenen Sauerstoff sowie um möglicherweise vorhandenes Wasser. Denn auch in den nächsten Jahrzehnten wird es wahnwitzig teuer sein, so basale Dinge wie Luft und Wasser auf den Mond zu transportieren.

Unter Umständen könnte das Schürfen nach den Bodenschätzen des Mondes zum ersten Mal in der Geschichte dazu führen, dass die Raumfahrt Geld abwirft, anstatt bloß welches zu verschlingen. Auf dem Mond werden große Mengen Helium-3 vermutet, das überall dort entsteht, wo der Sonnenwind auf ungeschütztes Gestein trifft. Mit Helium-3 könnten, so die Hoffnung, die Fusionsreaktoren der Zukunft befeuert werden. So würden auf dem Mond bald die ersten Helium-3-Minen entstehen. »25 Tonnen Helium-3 könnten den Energiebedarf der USA ein Jahr lang decken«, sagt Harrison Schmidt, der mit Apollo 17 auf den Mond geflogen war und heute als Berater am Institut für Fusionstechnologie der Universität Wisconsin tätig ist. »Auf dem Mond dürften drei Millionen Tonnen Helium-3 lagern.«

Zur gleichen Zeit, in der die ersten Helium-3-Tanker vom Mond in Richtung Erde starten, könnte die Menschheit den nächsten großen Schritt ins All tun: Nach der Eroberung des Mondes lockt der Mars. Die neuen Raumschiffe der NASA werden alle so konzipiert, dass sie Reisen zur Internationalen Raumstation und zum Mond ermöglichen, gleichzeitig aber auch geeignet sind, bis zu sechs Astronauten auf eine Reise zum Mars zu schicken.

Alle diese Pläne haben jedoch einen großen Haken: Mit der heutigen Technologie sind sie schlicht nicht durchführbar. Man kann sich natürlich vornehmen, alles Mögliche zu erfinden, aber ob das klappen wird, weiß heute niemand. Das größte Problem: Bemannte Raumfahrt funktioniert nicht ohne Menschen, Menschen funktionieren allerdings schlecht im Weltraum. Im Strategieplan der NASA versteckt sich die Beschreibung der Hauptschwierigkeit langer Weltraumreisen unter Punkt 3F.1: »Ab 2008 sollen Maßnahmen entwickelt und getestet werden, mit denen die Gesundheit von Menschen im All sichergestellt werden kann.« Denn in einem Raumschiff, das Astronauten vom Mars zurückbrächte, würden nur noch Leichen mitfliegen. Das Fehlen der Schwerkraft lässt Muskelmasse schwinden und Knochen brüchig werden. Die Strahlung schädigt das Erbgut in den Körperzellen, macht die Astronauten impotent und bringt sie schließlich um. Schon heute werden, unter anderem von der ESA und der russischen Raumfahrtagentur, zahlreiche Experimente durchgeführt, um die tödlichen Effekte einer Reise durchs All abzumildern. So müssen Probanden Hunderte von Tagen im Bett verbringen, während ihr Muskelschwund vermessen und mit tretmühlenartigen Gymnastikgeräten bekämpft wird. Von einer Lösung der Probleme ist man noch weit entfernt, auch wenn alle beteiligten Wissenschaftler Optimismus verbreiten.

Möglicherweise aber sichert eine phantastische Idee des amerikanischen Geophysikers Robert Winglee den Mars-Astronauten das Überleben. Winglee arbeitet an einer Methode, Weltraumreisen drastisch zu verkürzen. Er möchte Raumschiffe mit einer vierzig Kilometer großen Blase aus Plasma umgeben. Diese Plasmablase würde wie ein Segel wirken, ein Segel für den Sonnenwind. Die Reise zum Mars könnte – inklusive Landung und Erforschung – hin und zurück nur noch neunzig Tage dauern. Zum Mond wäre ein solches Sonnenwindsegelraumschiff etwa eine Stunde kürzer unterwegs als ein Ferienflieger von Frankfurt nach Mallorca.

Schlusswort

Das Ausmaß technischer und naturwissenschaftlicher Revolutionen wird häufig erst im Rückblick deutlich. Meilensteine der Erfindungsgeschichte erscheinen in ihren Anfängen oft unbedeutend oder gar verrückt. Meist bleiben sie von der Öffentlichkeit längere Zeit weitgehend unbemerkt. Es können Jahre vergehen, bis eine Erfindung oder Entdeckung die Gesellschaft nach und nach wie eine Welle erfasst und schließlich unsere Lebenswelt und unsere Wertvorstellungen verändert.

Die Autoren dieser Zukunftsreihe haben mit Wissenschaftlern und Ingenieuren aus aller Welt nach Entwicklungen gesucht, die die Relevanz haben, unser Leben zu verändern, unsere Zukunft entscheidend zu prägen.

Die Herausforderung für die filmische Darstellung lag darin, dass die Vorboten einer Welt von morgen in vielen technisch und naturwissenschaftlich spannenden Forschungsfeldern im mikroskopischen Bereich liegen: ob das künftige Seil des Spacelifts, das aus hauchdünnen Nano-Röhren entstehen soll, oder die ersten Proben eines aus menschlichen Zellen gezüchteten Organs. Wie können die Fortschritte und Entwicklungen der Zukunft für den Zuschauer und Leser in ihrer späteren Größe und Konsequenz sichtbar werden? Wir entschieden uns, auf der Grundlage der wissenschaftlichen Erkenntnisse von heute mögliche Szenarien einer Welt im Jahre 2057 zu entwerfen. So entstanden die Geschichten von Marie und Alain, von Paul und seinem Großvater John, und von den beiden Wissenschaftlern Bob und Lichao. Sie erleben stellvertretend für uns, wie das Leben in fünfzig Jahren sein könnte, wenn die Visionen gegenwärtiger Forschung wahr würden. Dabei steht jede Zukunftsidee in Wechselwirkung mit anderen Entwicklungen, die sie beschleunigen oder hemmen können: So hängt etwa die erfolgreiche Einführung fliegender Autos davon ab, ob alternative Treibstoffe für Fahr- und Flugzeuge entwickelt werden, die einen äquivalenten Ersatz für das knappe Erdöl darstellen könnten. Und dass tatsächlich 2057 ein Roboter ein Kind von der Schule abholt, wird erst dann wahrscheinlich, wenn es der Forschung über Künstliche Intelligenz gelingen sollte, die Komplexität menschlicher Erfahrung, Entscheidungsfindung und Emotionalität auf eine Maschine zu übertragen.

Jenseits aller technischen und naturwissenschaftlichen Bedingungen sind für jede sich anbahnende Entwicklung stets die Entscheidungskraft und das Verantwortungsbewusstsein des Menschen maßgeblich: Die Gesellschaft muss abschätzen, ob die Welt auch aus ethisch-moralischer Sicht etwa die Freigabe zum reproduktiven Klonen verkraftet. Wir sollten wissen, ob wir einem genetisch identischen Ebenbild gegenübertreten möchten. Bis zu welchem Grad wünschen wir die Vernetzung unseres Alltags, der bereits mit dem Tragen intelligenter Kleidung eine neue Dimension erlangen könnte? Ist uns Sicherheit wichtiger als die individuelle Freiheit?

Vielleicht gelingt es der ZDF-Reihe »2057« und diesem Begleitbuch, Denkanstöße zu geben und gleichzeitig den Blick zurück zu aktivieren. Für die kritische Einschätzung neuer Entwicklungen kann die Rückschau auf die Geschichte unserer Zivilisation oft hilfreich sein: Sie nimmt manch einer Zukunftsprognose den Schrecken oder identifiziert deutlich den Fortschritt. Sie zu ignorieren wäre fatal. Denn einer Gesellschaft ohne Geschichte fehlen die Wurzeln für die Zukunft.

Sonja Trimbuch

Danksagungen

Das vorliegende Buch ist auf der Grundlage der gleichnamigen ZDF-Serie entstanden. Die Herausgeber und der Verlag bedanken sich bei den Hauptverantwortlichen von ZDF, Discovery Communications, ZDF-Enterprises, arte und dem gesamten Filmteam der Gruppe 5 Filmproduktion, besonders bei den Autoren Meike Hemschemeier, Dirk Kämper, Christoph Gottwald, David Hickman, Don Schubert und den Filmschaffenden Tilman Remme, Marc Schubert, Christian Twente, Eike Wichmann.

Besonderer Dank gilt auch Prof. Dr. Hans-Jörg Bullinger, Prof. Dr. Volkmar Falk, Dr. Claus Habfast, Prof. Dr. Michio Kaku, Prof. Gerald Loeb, Prof. Dr. Ulrich Walter sowie ESA, NASA, MODIS, DARPA, Fraunhofer Gesellschaft zur Förderung der angewandten Forschung und dem Bundesamt für Sicherheit in der Informationstechnik.